ゼロカーボンシティ

ZERO
CARBON
CITY

諸富 徹　藤野純一　稲垣憲治　編著

学芸出版社

はじめに

諸富　徹

「ゼロカーボンシティ」は地域で脱炭素化を実現し、それが同時に地域発展につながるような都市形成を意味している。これは、まったくの夢物語ではない。地域レベルでのカーボンニュートラル達成に道筋をつけ、そのモデルとなる地域の形成を狙った「脱炭素先行地域」事業は、まさに「ゼロカーボンシティ」形成政策と言ってもよい。

この事業は、民生部門（家庭・業務その他部門）の電力消費にともなうCO_2（二酸化炭素）排出を実質的にゼロにし、運輸部門や熱利用なども含めた温室効果ガス排出削減についても、国全体の2030年度目標と整合する削減を地域レベルで実現することを目的としている。2025年度までに、少なくとも100か所の脱炭素先行地域の創出が目指されている。

第1回選定(2022年4月26日公表)では、79件の計画提案から26件が選定された。また第2回選定(2022年11月1日公表）では、50件の計画提案から20件が選定された。そして第3回選定（2023年4月28日公表）では、58件の計画提案から16件が選定された。

本事業は、環境省の政策の中でもっとも成功した政策の一つだと言えるのではないだろうか。筆者は「脱炭素先行地域評価委員会」の座長として、第1回及び第2回の選定に関わったが、自治体の採択へ向けた熱意、その執念は予想をはるかに上回るものだった。申請団体へのヒアリングでは、首長や副市長など自治体トップが自ら出席、提案内容を説明して質疑にも応じるケースも複数みられた。第1回選定結果公表の際には、様々なメディアで全国的に報道がなされ、社会的な注目度がきわめて高いことを実感した。

その意味でこの政策は、たしかに自治体のカーボンニュートラル実現に向けた関心を掻き立て、彼らの背中を後押しすることに成功したのだ。それまで自治体の温暖化対策といえば地味で、社会的注目を集めることもなかった。ましてや、首長が自ら温暖化対策予算獲得の先頭に立つなど考えられなかったことを考え合わせると、脱炭素先行地域への注目の高まりは、かつてとは隔世の感がある。

なぜ、これほど大きな変化が起きたのだろうか。最大の要因は、菅義偉前首相が2020年に2050年までにカーボンニュートラル実現を宣言し、2030年の温室効果ガス排出削減目標を、2013年比でそれまでの26%減から46%減に一挙に引き上げたことが挙げられる。これが自治体に、地域脱炭素化の加速を迫ることになった。

こうして自治体の関心が高まったときに、本政策がタイミングよく打ち出され、しかもこの種の政策としてはきわめて潤沢な予算（2022年度で総額200億円、23年度の予算要求額は総額400億円）が準備されたことも、自治体の意欲を高めることにつながった。採択されれば、5年間にわたって事業費の4分の3～2分の1が交付される。これは自治体にとって、応募への強いインセンティブになっただろう。

だが筆者は、変化の要因はそれだけではないと感じている。自治体が脱炭素化を「温暖化対策」としてだけでなく、まちづくりそのものとして捉え、またそれが「地域経済発展戦略」に他ならないと認識し始めたからこそ、関心が高まっていると考えている。

実際、脱炭素先行地域の選定要件には、「地域課題の解決」や「住民の暮らしの質の向上」が含まれる。これは、脱炭素化に向けた取組がCO_2排出削減だけでなく、地域の経済社会にプラスのインパクトをもたらすことを意図している。具体的には、地域課題の解決が図られたり、新しいビジネスモデルの創出により所得・雇用が増えたりすることで、住民の暮らしの質が向上することが想定される。

長年、自治体が旗を振ってもなかなか地域の温暖化対策が進まなかった一因は、「温暖化対策を行えば地域が良くなる」という連関が見えず、またそうした確信も持てなかった点にあるのではないだろうか。むしろ温暖化対策はコストであり、地域を疲弊させると認識されてきた。こうした観念が、脱炭素先行地域でようやく打ち破られつつあるのは喜ばしいことである。

さらに言えば、これまでは温暖化対策に充てられた自治体の権限、人的資源、そして予算が小さく、温暖化対策の担当部局がやれることは基本的に啓蒙・普及しかなかった。だがカーボンニュートラル実現には、現行の経済社会の仕組みを前提に、省エネなどの努力を一歩一歩積み上げるだけでは到底到達できないとの認識が広がってきた。つまり、地域の産業、エネルギー、交通、住宅建築物などのあり方を、根本的に見直すことが必要だとの理解が広まったのだ。脱炭素先行地域は、まさにこうした動きを促進するきっかけとなる。

脱炭素化とは地域にとって、地域をつくり直すことを意味する。規制で地域経済を抑え込んでCO_2を減らすのではなく、新しいプロジェクトの立ち上げにより、まちの構造を変えつつCO_2を減らすのだ。それには投資が必要になる。しかもそれは、自治体による税金を原資とした公共事業ではなく、地元の民間企業、地域金融機関、環境NPOなどを巻き込んだ官民共同プロジェクトとして推進することになる。ゆえに新しい投資は地域全体の利害関係者を巻き込んで波及し、所得と雇用を創り出して地域経済を活性化させる。

こうして地域に「がまん」を強いるのではなく、むしろプロジェクト立ち上げにより、地域関係者がみな協力して新たに「持続可能な地域発展」に挑戦するのが脱炭素化だということに、多くの自治体が気づいた。これが、脱炭素先行地域への自治体の大変な関心と熱意を巻き起こしているのだと思う。

本書は、脱炭素先行地域や広く地域脱炭素化に関心を持つ官民のあらゆる分野の方々に向けて編まれている。脱炭素先行地域の狙いとその内容をわかりやすく、しかし徹底的に解説するとともに、選定された脱炭素先行地域の具体的事例の紹介を通じて、何が選定ポイントなのかを読者の皆様が掴んでいただけるよう工夫している。

本書を読んでいただければ、脱炭素先行地域応募に向けた必須のマニュアルとして活用して頂けるだけでなく、それを超えて「ゼロカーボンシティ」の構築を通じた持続可能な地域発展に向けた手掛かりとしても活用頂けることが理解されるだろう。地域の脱炭素化に関わる関係者だけでなく、広くまちづくりや地域発展に関心を持つ多くの方々に手にとって読んでいただければ望外の喜びである。

目次

第1章

日本の地域脱炭素政策

環境省　大臣官房地域政策課　課長補佐　三田　裕信

1・1 脱炭素における地域の取組の重要性

1 国の脱炭素目標と地域脱炭素ロードマップ

2020年10月、我が国は、2050年までに温室効果ガスの排出を全体としてゼロにする、すなわち2050年カーボンニュートラル、脱炭素社会の実現を目指すことを宣言した。また、2021年4月には、2050年カーボンニュートラルと整合的で野心的な目標として、2030年度に温室効果ガスを2013年度から46％削減することを目指すこと、さらに、50％の高みに向け挑戦を続けることを表明している。

これらの目標を達成するため、特に地域の取組と国民のライフスタイルに密接に関わる分野を中心に、国民・生活者目線での脱炭素目標の実現に向けたロードマップ、及びそれを実現するための国と地方による具体的な方策について議論する場として、内閣官房長官を議長とする国・地方脱炭素実現会議が設置された。この会議において、地域が主役となる、地域の魅力と質を向上させる地方創生に資する地域脱炭素の実現を目指し、特に2030年までに集中して行う取組・施策を中心に、行程と具体策を示す「地域脱炭素ロードマップ」が策定された。

「地域脱炭素ロードマップ」及びこれを踏まえた政府の総合計画である「地球温暖化対策計画」では、地域脱炭素が、意欲と実現可能性が高い地域からその他の地域に広がっていく「実行の脱炭素ドミノ」を起こすべく、2025年度までの5年間を集中期間として施策を総動員することにしている。そして2030年以降も全国へと地域脱炭素の取組を広げ、2050年を待たずして多くの地域で脱炭素を達成し、地域課題を解決した強靭で活力ある次の時代の地域社会へと移行することを目指している。

2 脱炭素社会に向けた地域の取組の重要性

地域脱炭素は、脱炭素を成長の機会と捉える時代の地方の成長戦略になり得るものであり、地域資源を最大限活用することにより、地域経済活性化、防災、地域の暮らしやすさの向上など地域課題の解決に貢献する。また、各地域において、行政、企業、住民など様々な主体が既存の脱炭素の技術や製品を用いて実行でき、地域ぐるみで連携することで、相乗効果を発揮することができる。具体的には以下のとおりである。

(1) 地域脱炭素は地方の成長戦略

新型コロナウィルス感染症流行からの経済復興においても、欧米をはじめとする多くの国や地域で、持続可能で脱炭素を目指す復興（グリーンリカバリー）が重視され、例えば、電動車への急速な転換など脱炭素への移行が加速している。環境対策はもはや、経済成長の源泉でもあり、世界の潮流に乗り遅れれば、国内産業や国力の衰退につながりかねない。

これは地域経済においても同様である。地域において、脱炭素をできるだけ早期に実現することが、地域の企業立地・投資対象としての地域の魅力を高め、地域産業の競争力を維持向上させるという意味において、脱炭素の取組は極めて重要な要素になってきている。実際、事業活動で消費するエネルギーを100%再生可能エネルギーで調達することを目標とする「RE100」という国際イニシアティブに、2023年1月10日時点で、アップル、マイクロソフト、グーグル、スターバックスコーヒーなど397社の世界的な企業が参加しており、日本でも2023年3月1日時点で、リコー、積水ハウス、ソニー、イオン、アスクル、富士通など78社が参加している。また、世界的に、事業者自らの温室効果ガスの排出だけでなく、事業活動に関係する原材料調達・製造・物流・販売・廃棄など、一連の流れ全体から発生するサプライチェーン全体の温室効果ガス排出量の把握・管理や情報開示の動きが活発化してきており、今後ますますその必要性が高まるだろう。

再生可能エネルギーを地域の工業団地に供給する体制を整備したり、地域の中小企業の省エネ設備更新を促進するなど、地域脱炭素を推進することが、脱炭素社会に対応する会社の企業立地の促進または維持につながり、地域産業の競争力の維持・向上につながるのだ。

(2) 地域資源の最大限の活用により、地域の課題解決に貢献できる

全国の各地域では、少子高齢化に対応し、強み・潜在力を活かした自律的・持続的な社会を目指す地方創生の取組が進んでいる。地域脱炭素の取組も、産業、暮らし、交通、公共などのあらゆる分野で、地域の強みを活かして地方創生につながるように進めることが重要である。

環境省の推計[注1]によれば、9割以上の地方自治体で、エネルギーを生産して得ている所得とエネルギー消費の

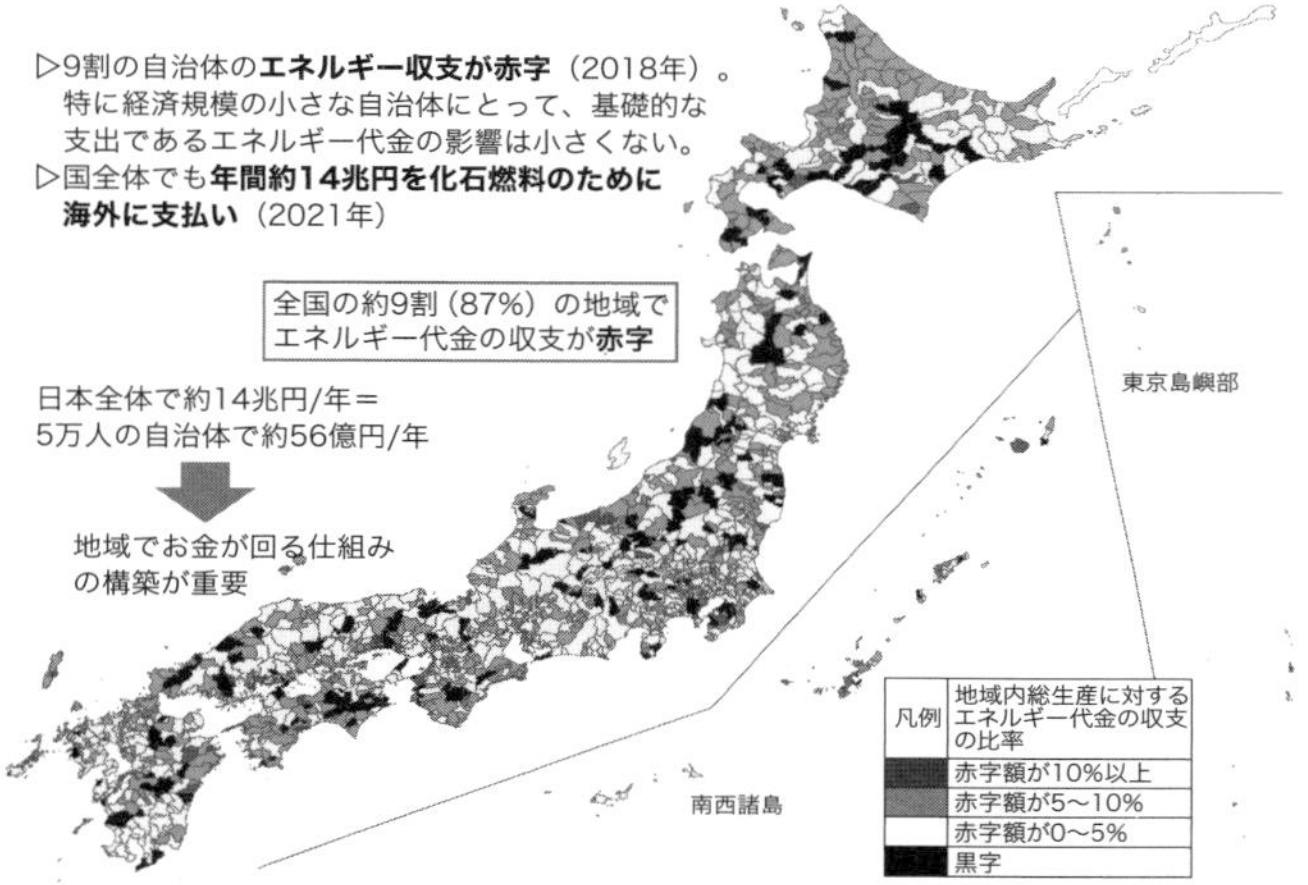

図 1・1　市町村別のエネルギー収支
（出典：地域経済循環分析用データベース（2018年版）より作成）

ために支払っている支出の差である域外収支はマイナスとなっている（図1・1）。つまり、ほとんどの地域で、エネルギー代金は地域外へ流出しているのだ。地域の企業や地方公共団体が中心になって、地域の雇用や資本を活用しつつ、地域資源である豊富な再生可能エネルギーポテンシャルを有効利用することで、地域の経済収支の改善につながることが期待できる。加えて、地域脱炭素の取組は、こうした地域経済活性化・地域経済循環以外にも、防災・減災や生活の質の向上など、様々な地域の課題の解決、すなわち地方創生に貢献できる。脱炭素がいかに地域の課題解決に役立つかという点については、後ほど1・2で事例を含めて詳述したい。

(3)　一人一人が主体的に今ある技術で取り組める

我が国の温室効果ガス排出量は、消費ベースで約6割を家計が占めている。大量生産・大量消費・大量廃棄から適量生産・適量購入・循環利用へとライフスタイルを転換し、多くの人が、脱炭素型の製品・サービスを選択することで、暮らしを豊かにしながら、需要側から国全体の脱炭素実現を後押しすることができる。さらに言えば、地域が2030年、2050年に向けて、どのような脱炭素の製品やサービスが必要になり、どんな地域をつくっていきたいか示していくことが、長期かつ大規模な脱炭素の投資需要を見える化することにつながり、企業の脱炭素投資の促進につながる。

また、暮らしの脱炭素は、再生可能エネルギーなどの分散型エネルギーの活用や、省エネ性能の高い設備機器やリユース製品の使用など、現時点で適用可能な技術を最大限活用することによって、今からの短期間でも目に見える成果を出しやすい分野である。実際、民生部門のCO_2排出量は、2030年46％削減の目標達成に向けて、家庭部門で66％、業務その他部門で50％と、他部門よりも一層の対策が求められている。これは、逆に言えば、現時点の技術レベルを前提にしても、削減ポテンシャルがより多くあるということにほかならない。

2021年の気候変動締約国会合（COP26）で目指すことが合意された1・5℃の気温上昇の抑制と整合する2030年の温室効果ガス排出量と、パリ協定に基づく各国が決めた温室効果ガスの貢献（NDC）が実施された場合の2030年排出量には開きがあり、1・5℃の気温上昇の抑制に向けて世界全体で、早く、大きな排出削減をすることが求められている。地域と暮らしの脱炭素化は、気候変動の緩和に効果の高い今すぐにできる取組なのだ。

（4）分野（セクター）を超えて地域主導の効果的な連携が加速する

都道府県、市町村が、地域の企業や住民を巻き込み、連携を促進することで、これまでそれぞれの主体ごとで行われていた脱炭素の取組が相乗効果を発揮する。自家消費する再生可能エネルギーの余剰電気を蓄電池に貯めて、自ら使うだけでなく、地域内で融通する取組が進められている。地域の住民の所有する電気自動車は「動く蓄電池」として、災害時に家庭や市町村の避難施設に必要なエネルギーを提供することが可能である。家庭の再生可能エネルギー・蓄電池設置や、省エネ住宅を支援しながら、住民のライフスタイルを省エネ行動に変えていく取組も生まれている。

都道府県や市町村がコーディネーターとして、地域の様々な主体の取組を連携させることで、これまでの地球温暖化対策では、それぞれ別々の部門として取組を進めてきた企業、運輸、家庭など各分野が連携し、地域経済活性化や災害時の対応に向けて相乗効果を発揮することができる。

1・2 脱炭素が引き起こす地方創生
――地域経済活性化や地域の課題解決

本節では、脱炭素により実現される地方創生について、1．経済活性化・経済循環、2．防災・減災、3．暮らしの質の向上、4．その他の地域課題解決の順に具体的に解説する。

1 経済活性化・経済循環

前述したとおり、9割の地方自治体で、エネルギーを生産して得ている所得とエネルギー消費のために支払っている支出の差である域外収支はマイナスとなっている。こうした域外への資金流出に歯止めをかけ、逆に、太陽光やバイオマス、温泉熱といった地域の再生可能エネルギーポテンシャルを活用して稼ぐことができれば、地域経済活性化につながり、稼いだお金を更に地域経済に再投資する経済循環を実現できる。

地域の企業や地方公共団体が主体的に連携し、再生可能エネルギー事業などの脱炭素事業の実施主体を立ち上げ、事業を実施する方法のほか、地域内に中核となる企業がいない場合などは、脱炭素事業に知識・経験のある地域外の企業が事業主体を設立し、地域の企業や地方公共団体が当該事業主体に出資する方法や、地域外の企業の支援により合同で事業実施主体を構築する方法などが考えられる。

図1·2　地熱発電後の温水を、成長も早いオニテナガエビの養殖に活用。空き店舗をリニューアルしたカフェでのエビ釣り体験の様子。

岡山県真庭市では、真庭バイオマス発電所の稼働や、関連する木質チップ製造など市内のバイオマス産業の推進によってバイオマス発電所稼働以降の付加価値額が約52億円増加するなど、再生可能エネルギー関連産業を中心に、全国平均を超える成長を実現している。

福島県福島市土湯温泉では、原子力発電所事故後、観光客が激減し、震災からの復興のため、地元温泉組合が主体となり、温泉バイナリー発電を整備し、売電することで地域の大きな収入源になっている。この収入の一部を使って、地元の高齢者へバス定期券の無料配布や高校生へ路線バスの定期券の配布も行っている。また、発電に利用した温泉水と冷却水を利用してオニテナガエビの養殖も行うほか、温泉バイナリー発電の見学施設に温泉水を活用した融雪設備も設置している（図1・2）。

2　防災・減災

近年、大雨や台風による風水害が激しくなっており、毎年と言っていいほど、豪雨や台風の被害が報告されている。平成30年7月豪雨では、気象庁が「今回の豪雨には、地球温暖化に伴う水蒸気量の増加の寄与もあったと考えられる」と発表しているなど、今後、気候変動により大雨や台風のリスクが増加することが懸念されている。激甚化する災害に、今から備える必要がある。また、近い将来、発生の切迫性が指摘されている大規模地震には、南海トラフ地震、日本海溝・千島海溝周辺海溝型地震、首都直下地震、中部圏・近畿圏直下地震がある。とりわけ、南海トラフ地震について、今後30年以内の発生確率がそれぞれ70%～80%、首都直下地震について70%程度[注2]と予想されているが、30年以内の発生確率が1%未満でも熊本地震のように大地震が発生するケースがある。こうした災害から地域の住民を守るための一助として、再生可能エネルギーなどの分散型エネルギーや蓄電池を導入することは、非常時のエネルギー源の確保、災害に強い地域づくりにつながる。

2019年9月の台風15号は、強い勢力で東京湾を進み、千葉県に上陸し、停電が2週間以上続いた。台風15号の影響により、千葉県睦沢町の防災拠点エリアも一時的に停電したが、直ちに停電した電力系統との切り離しを行って電気を復旧し、防災拠点エリア内の住民は、通常どおりの電力使用が可能になった。また、エリア内の温泉施設において、停電で電気・ガスが利用できない防災拠点エリア外の周辺住民へ温水シャワーやトイレを無料提供した。台風15号の被害を受けた千葉市でも、避難所となる学校や公民館が災害時に停電しないよう太陽光パネル、蓄電池を設置する取組を進めている。

2022年の福島県沖地震では、深夜に地震が発生し、福島県桑折町で震度6弱を観測した。桑折町は、災害対策として太陽光発電設備及び蓄電池を整備していたため、商用電力が停電している中で、蓄電池より電力供給を行い、災害対策本部となる町役場庁舎に電気を供給することで、災害対策本部の機能を発揮した。また、深夜に町役場へ避難してきた住民の受け入れに必要な照明の確保、携帯電話など充電スポットの提供により、円滑な避難住民の受け入れに貢献した（図1・3）。

図 1・3　桑折町役場へ避難した住民の受入状況
太陽光・蓄電池を整備していたことにより、住民避難に必要な照明などを確保。

「動く蓄電池」である電動車を災害対策に活用する取組も始まっている。千葉県では、2022年度から「電力ボランティア登録制度」を開始し、電気自動車（EV）などを所有している県内の企業や個人をあらかじめ登録し、災害時に電力を供給してもらう取組を始めている。台風15号の際、所有する電気自動車から施設に電気を供給し、必要最小限の施設の明かりと冷蔵庫や扇風機の電気を動かすことができた体験をもとに、本制度に登録した事業者もいる。島根県美郷町でも、住民の蓄電池導入を支援し、当該住民と災害協定を締結し、災害時に電気自動車から避難施設へ電気を供給することを約束し、地域ぐるみで、災害に備えた脱炭素の取組を進めようとしている。

3 住民の暮らしの質の向上

地球温暖化対策や脱炭素の取組はともすれば、我慢を強いる取組という印象を持たれるかもしれない。しかしながら、住宅の断熱性、気密性の向上や、再生可能エネルギーを活用したMaaS[注3]などの新しいサービス形態による交通システムの整備などは、将来世代を含めた地域住民の健康の維持と暮らしの改善につながる。

鳥取県では、鳥取健康省エネ住宅（NEST）を推進しており、国の断熱性の基準[注4]（ZEHの基準）を策定し、基準を満たす住宅の認定・助成を行うことにより高断熱・高気密な住まいづくりを推進している。高断熱・高気密な住宅は、経済的に住宅全体を空調して室温差を減らすことにより、ヒートショックの予防に効果があるほか、アレルギーや喘息などの予防・改善にも効果があるとしている。さらに、国の省エネ基準と比較した掛かり増し工事費を冷暖房費削減により回収できる年数をグレード別に試算して公表している。

小田原市では、電気自動車（EV）に特化したカーシェアリング事業を行っている。デジタル技術を活用し、スマートフォンアプリで登録から利用、返却、ドアロックの施錠などまで完結しており、旅行や出張先、日々の生活での移動手段として活用可能である。EVは、再生可能エネルギーで充電することによる脱炭素型の移動手段であるだけでなく、災害時に、避難施設への給電を行う「地域の非常用電源」にもなる。EVからパソコンに給電できるため、キャンプ場と連携し、自然の中でのワーケーションにも活用されている。

4　その他の地域課題解決

その他にも脱炭素の取組を通じて様々な地域課題を解決できる可能性がある。

福岡県大木町では、従来、焼却処理していた生ゴミや海洋投棄処理をしていた浄化槽汚泥・し尿をバイオガス化（メタンガス化）して、電気エネルギーに変えるとともに、発生した有機液肥は農家に提供し、環境に配慮した米づくりなどに役立てている。また、町のごみ処理費用の削減や、バイオガス施設における雇用の創出にもつながっている。脱炭素の取組が資源循環、農業利用、町の財政など、幅広く貢献している。

北海道登別市では、もともと冬季は積雪が少ない地域だったが、気候変動の影響により積雪量が増加し、除雪費用や除雪作業の負担を考え、登別温泉の温泉熱を活用した融雪事業を検討している。これにより、除雪費用や除雪作業の負担を低減させるとともに、積雪時でも市民の移動を確保する効果を期待している。

京都府宮津市では、高齢化で休耕田が増加し、イノシシやクマなどの獣害被害が見受けられた。そこで、地元企業も出資して休耕田に太陽光発電を設置した。そうすることでイノシシやクマが近寄らなくなり、獣害被害が解消され、地元の太陽光発電設備に対する理解も進んだ結果、追加の太陽光発電所の設置についても地元から歓迎され、地域と共生する形で再生可能エネルギーの導入が進んだ。

再生可能エネルギーはもちろん、食べ物や工業製品などできるだけ地域資源を活かす自立分散型の地域づくりは、勤務地や住居が大都市圏から地方への分散移住（一極集中の解消）にもつながる可能性があるなど、工夫次第で脱炭素が幅広い地域課題の解決に貢献することができる。

1・3 環境省の地域脱炭素施策

1 地域脱炭素に取り組む自治体の状況

2050年カーボンニュートラル宣言以前から、地方自治体においても、地域脱炭素の趣旨を踏まえた取組は各地で進んでいたが、2019年9月から、2050年CO_2排出実質ゼロ、いわゆるゼロカーボンシティを宣言する自治体が徐々に現れ、2020年10月に我が国が2050年カーボンニュートラル、脱炭素社会の実現を目指すことを宣言した際には、ゼロカーボンシティ宣言自治体は、166自治体になった。その後も、ゼロカーボンシティ宣言自治体の数は着実に増加し、2023年3月31日現在で46都道府県、934自治体になっている。もちろん、2050年カーボンニュートラルを宣言されていない自治体の中にも着実に地域の脱炭素化に向けて取組を進めているところもあるし、ゼロカーボンシティ宣言はあくまで脱炭素に向けた第一歩だが、脱炭素に向けて自治体の取組が全国で着実に広がっていることがわかる。

2 脱炭素の計画づくり ―まずは地域を見つめ直し、チームづくりを行う

地域の脱炭素化に向けて、都道府県及び市区町村でまず最初に行うことは計画をつくることだ。計画段階から、自治体の関係する他部局や地域企業、地域金融機関、自治会などを巻き込みながら意見交換を重ね、地域課題を確認し、当該地域において地域脱炭素を進める目的を明確化しながら、計画を練り上げていくことが極めて重要である。この際、地域の中核となる関係者が、脱炭素以外の地域課題も踏まえた上で、地域課題の解決手段として、再生可能エネルギーや省エネ、電動車含む蓄エネの導入を推進するなど、脱炭素を進める目的について共通理解を醸成していく必要がある。

地域には、少子高齢化、産業の衰退、自然災害の増加、地域公共交通の衰退など様々な課題がある。こうした課題に対応するために、今一度、自治体の各部局のみならず、若い世代含む地域の企業や住民とともに今後の地域づくりについて自由に意見交換する場を設け、再生可能エネルギーポテンシャルはもちろん、産業や自然資源、ボランティア活動含め地域の資源を見つめ直し、それぞれの主体が何ができるか、何があればやりたいことが実現できるか、前向きに話し合うことが必要である。環境省では、地域が主体的に、地域内外の多様な主体と協働しながら、環境・社会・経済課題を同時解決する事業を数多く生み出すことで自立した地域をつくる「地域循環共生圏」づくりの一環として、こうした持続可能な地域をつくるための場づくり、ネットワークづくりを支援している。実際、真庭市や小田原市では、持続可能な地域づくりの一環として脱炭素の取組が

行われている。

何度も意見交換する中で、再生可能エネルギー事業などの脱炭素事業が地球温暖化の緩和のみならず、地域課題解決のために貢献する事業として関係者に理解されることが、脱炭素型地域づくりの第一歩と言える。脱炭素を地域づくりの一つの柱にすると関係者で合意できたら、再生可能エネルギーポテンシャルや、CO_2削減ポテンシャル、地域のエネルギー代金の収支などを踏まえて、具体的なプロジェクト、そのための予算や体制について検討し、地域内外の企業や住民など事業を実施していくための関係者と合意形成を図っていくことになる。

環境省では、こうした計画づくりを支援するため、地域の再生可能エネルギー目標やその実現に向けた意欲的な脱炭素の取組の検討、公共施設などへの太陽光発電設備などの導入調査の実施による地方自治体の計画策定や、地域の経済・社会的課題の解決に資する地域の再生可能エネルギー事業の実施・運営体制の構築について支援を行っている。[注5]

また、環境省では、こうした計画づくりを円滑に実行できるように、地方公共団体実行計画マニュアルを作成し、定期的に改訂しており、CO_2排出量推計データや特定事業所の排出量データから、市町村ごとに脱炭素の対策・施策の重点分野を洗い出しするためにわかりやすいグラフでまとめた情報ツールとして「自治体排出量カルテ」[注6]を公表している。今後も地方自治体が、実行性を重視した計画が立てられるように継続的に支援していく。

さらに、2022年4月に施行された地球温暖化対策推進法の一部を改正する法律において、地方公共団体実行計画制度を拡充し、再生可能エネルギーの促進区域などを含む地域脱炭素化促進事業制度を導入した。再生可能エネルギーを促進すべき区域を設定していく過程で、円滑な合意形成を図りながら、適正に環境に配慮し、地域に貢献する再生可能エネルギー事業について地域内に共通認識が生まれていくことが期待される。

加えて、環境省では、各都道府県内、市区町村区域内の「生産」「分配」「支出」の三面から地域内の資金の流れを把握し、産業の実態、エネルギー代金の収支、産業別エネルギー消費量などを見える化する地域循環経済分析という情報ツールを提供している。脱炭素の取組を軸としながら、各地域の経済循環をどのようにつくっていくべきか考える際に便利なツールである。

3 脱炭素先行地域 ——先進的な脱炭素型の地域をつくる

地域脱炭素ロードマップに基づく施策の一つが、2050年カーボンニュートラルを2030年に前倒しで達成を目指す「脱炭素先行地域」だ。脱炭素先行地域とは、2050年カーボンニュートラルに向けて、民生部門（家庭部門及び業務その他部門）の電力消費に伴うCO_2排出の実質ゼロを実現し、運輸部門や熱利用なども含めてそのほかの温室効果ガス排出削減についても、我が国全体の2030年度目標と整合する削減を地域特性に応じて実現する地域であり、全国で地域脱炭素の実行を展開していくためのモデルとなる地域である。

2025年度までに、脱炭素に向かう地域特性などに応じて計画を立て、2030年度までに実行し、これにより、農村・漁村・山村、離島、都市部の街区など多様な地域において、地域課題を同時解決し、地方創生と脱炭素を同時実現していく。

2023年4月28日時点でこれまで3回選定を行い、脱炭素先行地域として計62件を選定した。選定された地域の提案には、一定の広がりや事業規模、関係者との連携体制を備えた上で、地域経済の循環や地域課題の解決、住民の暮らしの質の向上につながることを意識した先進的な取組が数多く見られ、「環境問題と社会経済問題の同時解決」を目指すモデルを実現することが期待される。今後少なくとも100か所を選定することを予定し、年2回程度の募集を予定している。

脱炭素先行地域に選定された地域に対しては、地域脱炭素を推進するための交付金により財政支援することとしており、計画に沿って、太陽光、風力、バイオマス、小水力、地熱などの再生可能エネルギー設備、蓄電池などエネルギーを蓄える設備、ZEB（ネット・ゼロ・エネルギー・ビルディング）、ZEH（ネット・ゼロ・エネルギー・ハウス）、断熱改修などの省CO_2設備に対して財政支援を受けることができる。

本交付金のほか、脱炭素地域づくりに向けて、地方自治体と地域企業、地域金融機関など関係者が検討を行うため、関係府省庁の主な支援ツール・枠組みをとりまとめて公表しており[注7]、農林水産業の脱炭素化に活用可能な緑の食料システム戦略交付金や地域公共交通、空港、下水道の脱炭素化支援など、各府省庁の施策を組み合わせて活用することで、地域全体の脱炭素化を更に押し進めることができる。

4 重点対策 ― 地域全体で脱炭素を進め、地方創生を実現する

脱炭素が地方創生の大きなチャンスになり得るのは、脱炭素先行地域だけではない。都道府県、市区町村の

区域全体で脱炭素を進めていく場合、重点対策を進めていくことを検討していただきたい。重点対策とは、脱炭素先行地域内も含め脱炭素の基盤となる施策のことである。①屋根置きなど自家消費型の太陽光発電、②地域共生、地域裨益型再生可能エネルギーの立地、③公共施設など業務ビルなどにおける徹底した省エネと再生可能エネルギー電気調達、更新や改修時のZEB化誘導、④住宅、建築物の省エネ性能などの向上、⑤ゼロカーボンドライブ、⑥資源循環の高度化を通じた循環経済への移行、⑦コンパクト・プラスネットワークなどによる脱炭素型まちづくりへの移行、⑧食料・農林水産業の生産力向上と持続性の両立のことを言う。環境省では、このうち、①〜⑤について、地域脱炭素移行・再エネ推進交付金、⑥について、資源循環高度化設備促進事業などにより支援しており、⑦及び⑧については、それぞれ主に国土交通省、農林水産省の施策により推進している。

重点対策についても、脱炭素先行地域と同様に、地域の関係者と連携し、脱炭素で地域の課題解決を行うという視点で取り組むことが重要である。

5 脱炭素の人材支援 ―脱炭素を進める体制をつくる

脱炭素に向けた事業を始めたいと思っても、市町村の職員の専門知識が不足していたり、そもそもの人員が不足しているという地方自治体が多いことも課題の一つだ。

こうした課題に対応するため、環境省では、「地域脱炭素実現に向けた中核人材の確保・育成事業」において、主に初任者を対象に、自治体が地域の再生可能エネルギー事業に取り組むべき理由や、地域特性に応じた再生可能エネルギー、交通分野や住宅・建築物分野の脱炭素化についてオンライン研修を提供している。

さらに、即効性のある脱炭素人材の確保施策として、地域脱炭素プラットフォームの構築を支援し、地方公共団体と脱炭素技術を有する企業のマッチングを促進するとともに、脱炭素まちづくりアドバイザー制度を創設し、地域の脱炭素化を支援する専門家が地方自治体を支援するための基盤整備を進めていく。このほか、内閣府が2022年度から地方創生人材支援制度に「グリーン専門人材」枠を創設し、年に1度募集を行い、市町村と企業のマッチング支援を行っており、脱炭素に係る官民連携を省庁を超えて推進している。

現場レベルでも、地方環境事務所の職員による地方自治体の積極支援を行っており、地方環境事務所を中心に、地方農政局、森林管理局、経済産業局、地方整備局、北海道開発局、地方運輸局、管区気象台、地方財務局などが連携体制を構築し、地方自治体の支援を行っている。2022年4月からは各地方環境事務所に地域脱炭素創生室を設置し、地方自治体や企業への相談体制を更に強化している。

6　公共部門の脱炭素化 ―まず公共施設の脱炭素化から始める

地域の脱炭素化を始めるにあたって、公共部門から率先して実行することも重要である。政府は、太陽光発電の最大限導入、新築建築物のZEB化、電動車、LED照明の導入徹底、積極的な再生可能エネルギー電力の調達などについて率先して実行する計画である。また、太陽光発電の更なる有効利用や災害時のレジリエンス強化のため、蓄電池や燃料電池についても積極的に導入することにしている。地方公共団体においても、政府の計画に準じた取組が期待されている。環境省としても、とりわけ災害レジリエンス強化の観点から、地域防災計画や業務継続計画（BCP）に位置づけられた公共施設の再生可能エネルギーや蓄電池などの導入に関して、財政支援を行っている。

7 金融支援 ―地域金融機関との連携、脱炭素化支援機構

地域の脱炭素化にとって、地域の主体、とりわけ地域金融機関との連携は極めて重要である。地域金融機関は、地域の脱炭素事業に対する資金の出し手であることはもちろんだが、それ以上に、地域の持続可能性が自らの経営に直結する存在でもある。つまり、経済社会構造がカーボンニュートラルに向かっていく中で、融資先の企業とともに具体的な対応を考えていくことが求められる立場となる。したがって、金融機関は情報を武器に多数の取引先に影響を与えることもできる。地域の金融機関を通じて脱炭素化を推進することで、地域内の企業行動を脱炭素社会に対応する形に変えていくことが可能になる。

実際、これまで選定された脱炭素先行地域の共同提案者としても、山陰合同銀行や中国銀行、福井銀行などの地域金融機関が加わっており、その他の提案も地域金融機関と連携して取組を進めているものが数多くある。今後益々、脱炭素の取組に地域金融機関が参画する例が増えてくるだろう。

環境省では、ESG地域金融促進事業として、先進的な地域金融機関と連携し、地域課題の解決や地域資源を活用したビジネス構築のモデルづくりを推進している。例えば、岡山県の玉島信用金庫の事例では、石油化

学コンビナートを中心とした工業地帯である水島地区の二次産業に関し、脱炭素化による取引先への影響を分析し、各業態への具体の行動の整理や支援体制を構築している。また、環境金融の拡大に向けて、地域脱炭素に資する設備投資などについて利子の一部を金融機関に補給したり、ESG要素を考慮した機器のリースについて、補助金を交付してリース料を低減して利用を促進するなど、金融機関を通じた企業の脱炭素化の後押しも実施している。

また、2022年5月に地球温暖化対策推進法の一部を改正する法律が成立し、脱炭素事業に意欲的に取り組む民間事業者などを集中的、重点的に支援するため、財政投融資を活用した㈱脱炭素化支援機構が2022年10月20日に設立された。現在、民間において、FITによらない太陽光発電事業や地域共生・地域貢献型の再生可能エネルギー事業、食品・廃材などのバイオマス利用など様々な脱炭素事業が検討・実施されているが、まだまだ認知度が少ない、類例が乏しいとの理由により、民間の金融機関の資金がつかないケースが見受けられる。今後10年間で150兆円の脱炭素投資を実現するさきがけとなるべく、㈱脱炭素化支援機構を通じて資金供給を行い、民間資金の「呼び水」につなげていきたいと考えている。

8　地域の中小企業支援

日本の企業数の圧倒的多数を占め、従業員数でも全国の7割を占める中小企業の脱炭素化も、地域の脱炭素化を進めていく上で極めて重要である。

中小企業にとって脱炭素経営に取り組むメリットは、まず第一に、設備更新の際、これまでも検討されてきているように、エネルギー消費の効率化や再生可能エネルギーの活用などによって、電気料金をはじめとする光熱費・燃料費を削減でき、経営改善につながる点が挙げられる。また、グローバル企業がサプライチェーンの温室効果ガス排出量の目標設定を行うと、そのサプライヤーも対応を迫られることになる。大企業のみならず中小企業も含めた取組が必要であり、いち早く対応することで、取引機会の獲得、売り上げの拡大、金融機関からの融資獲得につながる。

環境省では、サプライチェーン全体での脱炭素化に向け、中小企業に対して、多様な事業者ニーズを踏まえて、①地域ぐるみでの支援体制の構築、②算定ツールや見える化の提供、③削減目標・計画の策定、脱炭素設備投資の支援に取り組んでいる。脱炭素化へのステップとして、取組の動機付け（知る）、排出量の算定（測る）→削減目標・計画策定、脱炭素投資（減らす）の流れで取組を推進している。具体的に、サプライチェーン排出量の算定方法やSBT[注8]、RE100などの目標設定手法などに関する情報提供ウェブサイト（グリーンバリューチェーンプラットフォーム）を運営するとともに、主に中小企業向けの総合的な環境マネジメントシステムであるエコアクション21を提供し、環境経営を促進している。

さらに、中小規模事業者のための脱炭素経営ハンドブックを作成し、中小企業が脱炭素経営に取り組むメリットを紹介するとともに、省エネや再生可能エネルギー活用など排出削減に向けた計画策定の検討手順を紹介している。最後に、設備導入支援として、省CO_2型設備や太陽光発電設備・蓄電池などの導入支援補助事業を行っているほか、前述の㈱脱炭素化支援機構による民間投資を促進していく。

1・4 地域脱炭素の今後

2023年2月10日、政府は、「GX実現に向けた基本方針〜今後10年を見据えたロードマップ」を閣議決定した。カーボンニュートラルを宣言する国・地域が増加し、温室効果ガスの排出削減と経済成長をともに実現するGX（グリーントランスフォーメーション）に向けた長期的かつ大規模な投資競争が激化しており、こうした取組の成否が、企業・国家の競争力に直結する時代に突入している。こうした認識のもと、GX実現に向けた基本方針では、今後10年で官民合わせて150兆円のGX投資を実現するため、GX経済移行債による20兆円規模の大胆な先行投資支援を実行することとされている。また、GX経済移行債の財源として「成長志向型カーボンプライシング構想」を具体化し、2028年度から、「炭素に対する賦課金制度」の導入、2033年度から発電事業者に対する「有償オークション」が段階的に導入され、脱炭素と経済成長の同時実現に向けて企業が先行して取り組むインセンティブとなる仕組みが導入される予定である。さらに、政府として、遅くとも2030年には、住宅・建築物分野でZEH、ZEB水準の省エネ性能を確保すること、2035年には、新車販売は電動車のみになることを目指すなど、脱炭素型の選択肢が標準化されていくことが予想される。

地域の脱炭素化の取組もこうした全国規模の産業部門、運輸部門の脱炭素化の取組を踏まえながら進めることが肝要だ。こうした経済・社会構造の変化を地域発展のチャンスと捉え、地域金融機関や地域の企業などとの連携のもと、地域特性に応じて、各地方公共団体の創意工夫を活かした産業・社会の構造転換や脱炭素製品の面的な需要創出を進め、地域・くらしの脱炭素化と地方創生の同時実現を目指したい。

環境省としても関係省庁、都道府県、市区町村と一層の連携・役割分担をしながら、地方創生に貢献する地域の脱炭素化を強力に推進していきたいと考えている。引き続き、全国で地方創生に貢献する脱炭素事業が加速されるよう様々な支援を行いながら、脱炭素技術を有する企業、地域の中核企業や地域金融機関などの連携を加速し、地域を強靭で活力ある持続可能な地域社会にしていくよう関係者が力を合わせていきたい。

注釈

注1　地域経済循環分析（2015）に基づき環境省推計

注2　地震調査研究推進本部「今までに公表した活断層及び海溝型地震の長期評価結果一覧（2023年1月13日現在）」より、南海トラフ地震についてはマグニチュード8～9クラスの発生確率、首都直下地震については相模トラフ沿いの地震のうちプレートの沈み込みに伴うマグニチュード7程度の地震の発生確率を参照。

注3　Mobility as a service の略

注4　ZEHのUA値基準

注5　地域脱炭素実現に向けた再エネの最大限導入のための計画づくり支援事業

注6　「自治体排出量カルテ」環境省・地方公共団体実行計画策定・実施支援サイト（env.go.jp）

注7　「支援メニュー等」環境省・脱炭素地域づくり支援サイト（env.go.jp）

注8　パリ協定（世界の気温上昇を産業革命前より2℃を十分に下回る水準（Well Below 2℃）に抑え、また1・5℃に抑えることを目指すもの）が求める水準と整合した、5年～15年先を目標年として企業が設定する、温室効果ガス排出削減目標

第２章

なぜゼロカーボンシティか、どう進めるか

（公財）地球環境戦略研究機関
藤野　純一

2・1 いま置かれている状況

1 私たちのまちは、さながら穴のあいたバケツ

ゼロカーボンシティ／脱炭素地域を目指すとは、いったいどんなことだろうか。そのためには現状を知らないといけない。あえてバケツにたとえると、今の日本自体、そして日本の多くのまちは、残念ながら穴の空いたバケツである。かつては、省エネ大国と言われたが、もはや効率の悪い設備での産業活動で過剰なエネルギーを使用し、日本の建築物や住宅は、断熱・気密効率が低く、冬寒く・夏暑い構造で、熱エネルギー流出が洩れている状態である。車の単体の燃費は良くなっているが、一人乗りが多く、特に地方部は公共交通の利便性が失われ、スプロールしたまちとなり過大な移動エネルギーを必要としている。

そして、そのバケツに注いでいるのが、主に海外から輸入している石油・ガス、そして石炭・天然ガスなどでつくられる電気といった、いわば灰色のエネルギーである。つまり、日本のまちはさながら、エネルギーを駄々洩れしている施設・機器に、海外から輸入しているCO_2をたくさん出すエネルギーを、垂れ流し込んでいるようなものである。このバケツを使っている限り、CO_2はたくさん出て、エネルギー代は地域外に流出

する「もったいない」状態であり、気候正義でもない。

2 気候正義とバケツ

IPCC第6次評価報告書のレポートによると、産業革命が起こった18世紀中ごろからの気温の上昇と、人間が出してきたCO_2排出量の合計値（＝累積排出量）はほぼ比例関係であることがわかった。これが意味することはなんだろうか？

2022年夏にパキスタンでは国土の3分の1が浸水する大洪水が起きた（パキスタンの人口は2・3億人、国大は日本の2倍ぐらい）。4、5月の激しい熱波によって氷河が溶けて河川の水位が上がっていたところにモンスーンが訪れ、洪水を引き起こした。1700人が亡くなり、1万3000人が負傷、210万人が家を失ったという。パキスタンの人たちは今までたくさんCO_2を出してきただろうか？

大気中に出されたCO_2はどこで出しても同じ1トンであり、その合計値で気温の上昇度合いが決まるため、必ずしもたくさんCO_2を出したところが気候変動の被害を受けるわけではない。逆に、ほとんどCO_2を出していなくても気候変動の影響を大きく受けてしまう。これが「地域間格差」である。

IPCC第6次評価報告書によると、すでに気温は産業革命前に比べて約1・1℃上昇している。今日生まれた子どもたちは既に1・1℃気温が上昇した状態で、気候変動が起きやすい状態の中で、生きていかなければならない。10年後、20年後、30年後に生まれる子どもたちは、このまま対策が進まないとさらに気温が上昇した世界で生きていかなければならない。これが「世代間格差」である。

このような気候変動によってもたらされる「地域間格差」「世代間格差」のことを認識し、正していくために、「気候正義（Climate Justice）」という言葉が使われている。

さきほどのバケツに戻ると、「気候正義」のためにどのようなアプローチがあるだろうか？

まずは「①穴をふさぐ（省エネ）」ことで水が漏れないようにすることが欠かせない。次に「②綺麗な水をそそぐ（再エネなど）」ことでバケツの水を満たしていく。そして、実は「③適切なサイズへ」をどうしていくかを考えることも大切だ。たとえば4人家族で使っていた冷蔵庫を2人家族になってもそのまま使うと空いたスペースを冷やすことになり、もったいない状態であろう。これを人口減少が進む日本におけるまちのスケールで考えると、どういった問題があって、どのように取組を進めていけばよいだろうか。そして何よりも大切なのが、「地域を豊かにする」ことにしっかりと連動させていくことである。

2・2 ゼロカーボンに関する3つのポイント

ここで、筆者が考える重要な3つのポイントを提示したい。1つ目は、気候変動（Climate Change）の影響がすでに顕れており、さらなる温度上昇による影響の増加が予想されていることだ。2つ目は、省エネで地域外に流れるお金を少なくし、地域の技術や人材を活用した再エネ開発で新たなお金の流れを生み出すことで、地域経済の活性化に役立てることができるのではないかという点だ。そして3つ目は、例えば省エネに効果がある断熱は、健康増進に有効なことなどゼロカーボン施策は様々な便益があることだ。順に見ていきたい。

1　気候変動（Climate Change）の影響

ＩＰＣＣの最新のレポートによると、「世界の平均気温は産業革命前に比べると既に約1・09℃上昇しており、その原因は太陽の黒点活動や火山による噴火などの自然起源では説明できず、気候変動が起こっていることは人為起源であることに間違いない」と言い切っている。温度上昇は過去２００年の間で特異的なスピードであがっており、これらによって世界では熱波や山火事、日照り、台風やハリケーン、大雨、そして寒波に襲われている。

では、日本はどのような気候変動がみられるのであろうか。特に東日本にお住まいの方は、２０１９年10月に日本列島を縦断した台風19号を記憶している方が多いのではないだろうか。筆者が注目するのは、台風が上陸する前の海水温である。気象庁のデータによると、10月にもかかわらず、太平洋側近くの海水面が27℃近くになっていた。ちなみに台風は27℃以上の海域を通るそうだ。つまり、例年だと、もっと海水温が低くて、台風の勢力が衰えて熱帯低気圧などになるところが、そのままの勢力を保って台風が上陸してしまったため、たとえば長野県の上田鉄道の鉄橋が流され、あまり台風が来ない福島県の郡山の地域が浸水するなど、甚大な被害を被った。

日本の海面水温は過去100年で1・19℃上昇しており、世界平均0・56℃の約2倍上昇している。[※1] 今後も同様の、またはさらに勢力の強い台風が上陸する可能性が高くなっている。

また、温度上昇に伴い、線状降水帯という現象も多くみられるようになり、2022年には高知県でも初めて線状降水帯が発生した。海水温が1℃上昇すると約7％水蒸気が多く発生するとの分析結果があり、多量な水蒸気を含む雲が大雨（または大雪）を降らせて、局所的に甚大な被害を与える可能性が高くなっている。

1997年に採択された京都議定書から18年の月日をかけて、原則的にすべての国の削減努力を決めたパリ協定が2015年12月の気候変動枠組条約（UNFCCC）第21回締約国会議（COP21）で何とかまとまり、そこでは世界の気温の上昇を産業革命前から2℃以内に抑えることで合意された（努力目標として1・5℃）。2009年12月のCOP15では、残念ながらコペンハーゲン議定書は合意できず、一番弱いレベルでの取り決め（take note）がなされたことから、全会一致が原則の国連方式には限界があるのではないかと悲観的に言われていた当時から、なんとかパリ協定が合意された。

それから、約3年後の2018年10月にIPCCは「1・5℃特別報告書」を公表した。パリ協定で世界の目標とされた2℃でも大きな気候影響があり、1・5℃に抑えることができればその影響は幾分かは緩和できる（図2・1）という趣旨が示されたレポートである。これがCOPでの議論をさらにパラダイムシフトさせ、あっという間に、2℃から1・5℃への変更が世界の潮流になり、新型コロナウィルス感染症によって1年遅れてグラスゴーで開催されたCOP26において、実質上1・5℃が世界目標になった。

目標を厳しくすることで明らかになったのは、温室効果ガスの排出量をより多く、より早く削減しないといけないということだった。同じくIPCCの「1・5℃特別報告書」によると、1・5℃を実現する温室効果ガスの排出量のパスについて、複数のシミュレーションモデルの結果を重ねて分析したところ、2050年頃に世界のCO_2排出量をゼロにしないといけないことがわかった。そして、2050年以降は当分マイナスにしないと1・5℃に到達しないことが示された。2015年時点の世界目標（2℃）ではだいたい2100年に世界のCO_2排出量をゼロにするべく日本は2050年に80%削減することを目標にしていたのが、ゼロにする時点が一気に50年前倒しになったことを意味する。

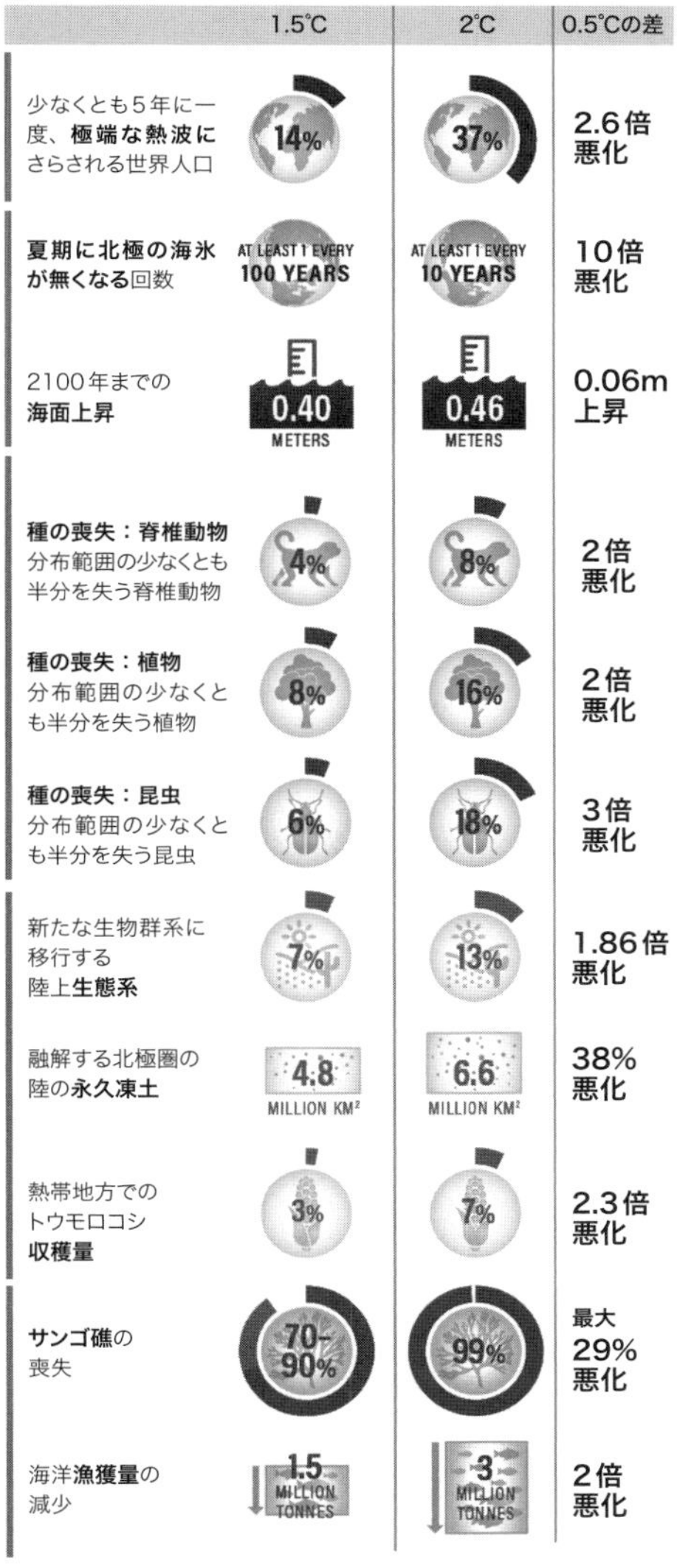

	1.5℃	2℃	0.5℃の差
少なくとも5年に一度、極端な熱波にさらされる世界人口	14%	37%	2.6倍悪化
夏期に北極の海氷が無くなる回数	AT LEAST EVERY 100 YEARS	AT LEAST EVERY 10 YEARS	10倍悪化
2100年までの海面上昇	0.40 METERS	0.46 METERS	0.06m上昇
種の喪失：脊椎動物 分布範囲の少なくとも半分を失う脊椎動物	4%	8%	2倍悪化
種の喪失：植物 分布範囲の少なくとも半分を失う植物	8%	16%	2倍悪化
種の喪失：昆虫 分布範囲の少なくとも半分を失う昆虫	6%	18%	3倍悪化
新たな生物群系に移行する陸上生態系	7%	13%	1.86倍悪化
融解する北極圏の陸の永久凍土	4.8 MILLION KM²	6.6 MILLION KM²	38%悪化
熱帯地方でのトウモロコシ収穫量	3%	7%	2.3倍悪化
サンゴ礁の喪失	70〜90%	99%	最大29%悪化
海洋漁獲量の減少	1.5 MILLION TONNES	3 MILLION TONNES	2倍悪化

図 2・1　IPCC「1.5℃特別報告書」により2℃と1.5℃の気候変動の影響の明瞭な差が示された※2
（出典：World Resources Institute 、2018）

COP26が終了した2021年11月時点で、パリ協定に参加する197カ国のうち、155の国と地域が「2050年」「2060年」「2070年」など期限を設けてゼロカーボン宣言している。

しかし、各国が提出している現時点の削減目標値を合計しても達成できるのは2・5℃の温度上昇で、目標とする1・5℃との乖離が大きい。そのため、COP26の採択文書ではすべての国に対して2022年末までに、2030年の削減目標値を引き上げるよう要請したが、24の国が目標を含む計画の見直しまたは新規の提出をしたに過ぎない。

たとえば、EUは2030年目標を55%から57%への引き上げを声明した。正式な文書であるNDC（国別の削減目標を明記した文書）の提出はこれからだ。ドイツは5年前倒しして2045年でのゼロカーボン実現を、カナダは新たに2050年ゼロを掲げた。

G7を除くG20の各国では、インド、インドネシア、ブラジル、メキシコ、豪州がNDCを更新した。その結果、G20のすべての国で2045年や2050年またはそれ以降に各国のGHG（温室効果ガス）排出量を実質ゼロにする目標が掲げられている。

2　ゼロカーボンで地域経済活性化

2つ目のポイントは、ゼロカーボンが地域経済の活性化に貢献するという点である。

財務省の貿易統計によると、2022年の鉱物性燃料（原油及び粗油、石油製品、LNG、LPG、石炭）の我が国の輸入額は、33・5兆円と過去最大になり（総輸入額は118兆円、全体で20兆円の貿易赤字、2012年以降赤字傾向が続いている）、ウクライナ危機などで一気に上昇した。日本のGDPはここ最近約500兆円であるから、生み出した富の7％近くがエネルギー代金として海外に流出していることを意味する。これまでも、鉱物性燃料の輸入額はここ10年間は10兆円から20兆円であり、その結果、日本の自治体の9割はエネルギー収支が赤字だった。

このように、現在の地方では大都市や産油国の資本によって供給された化石燃料及び電気を購入し、お金を地域外に流出させてしまっている。それを、地域内の再エネ資源をできるだけ地域のお金で開発し、地域向けの再エネ投資や地域産のバイオマスを増やし、余剰分を売電して大都市に販売することで利益を得るのが、地域経済のあるべき成長の姿であろう。

たとえば、環境省の分析によると、都市部の多くの再エネポテンシャルは当該地域の需要に満たないが、多くの地域部では必要とする需要を超える再エネポテンシャルがあり、余剰分を大都市部に提供することができると指摘している。実際に、電力大消費地の横浜市は東北などの自治体と連携して、横浜市への再エネ電力の融通が実施されている。

このようなことができるようになった背景として、ここ10年で太陽光はじめ再生可能エネルギー及びそれに関連する技術のコストが大幅に低下したことが挙げられる。たとえば事業用の太陽光発電のコストは、中国、インドでは1kWhで約5円、アメリカで約7円、ドイツ、韓国で約10円、日本で約15円まで下がってきた[※3]。

その結果、2020年に世界で新設された再エネ電気の設備容量は260GW（1GWは10億W）で[※4]、これは

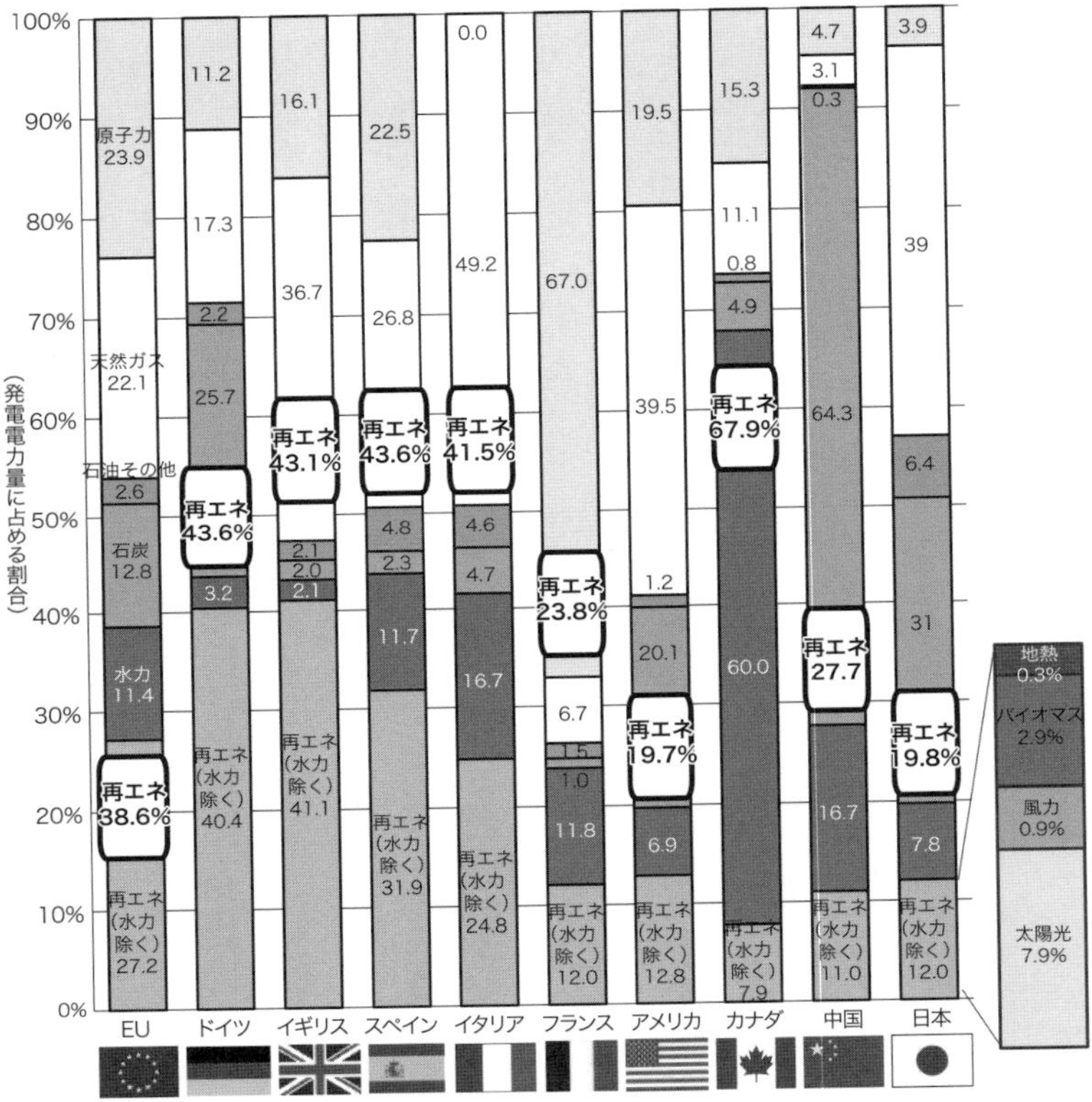

図2・2　主要国での再生可能エネルギーの発電比率（2020年）
（出典：資源エネルギー庁資料、2022）

日本国内の設備容量の合計値と同じである。一方で、石炭火力や天然ガス火力などの火力発電の新設容量は60GWに過ぎなかった。再エネ新設量の260GWのうち半分以上の139GWは中国で開発された。そして2位は米国で29GW新設された。2020年はトランプ大統領の政権下であり、再エネは気候変動の理念だけで導入されているのではなく、経済性や安全保障の観点でも導入が進められていると推測する。

主な国の再生可能エネルギーの発電比率（図2・2）を見ると、ドイツ、英国、スペイン、イタリア、カナダでは4割を超えており、

EU全体でも4割に近い割合を達成し、中国も3割に迫っている。また、米国と日本はもうすぐ2割である。

3 低い断熱性能を高くして、快適に命も守る

3つ目のポイントは、気候変動対策を進めるための断熱などは、健康増進などの様々な便益がある点だ。みなさんの住宅は、冬に結露するだろうか。樹脂窓への改修や二重窓にしていない場合、窓は冬の寒いときに結露してしまう。しかし、世界を見ると、熱損失が高く結露してしまうアルミ窓・アルミ窓複合樹脂から樹脂窓に移行しており、欧米各国は軒並み60%以上、韓国では規制の効果が出て80%、中国も30%が樹脂窓になっている。※5

それではなぜ、断熱性能の悪い窓が良くないのだろうか。まずは単純に熱損失が大きいため部屋が温まりにくく、同じ室温にしようとするとエネルギーが余計にかかるためである。しかし、それ以上に大きな問題は、健康である。日本では冬に循環器系や呼吸器系で死亡される方が多い。これは脳梗塞や心疾患で亡くなる方が多いからである。またWHOの死因統計によると、日本は他国に比べて75歳以上の高齢者の溺死年間死亡者数が明らかに多い。

日本は風呂に入って体を温めるなどの文化の違いも背景にあるだろうが、消費者庁によると、2019年の家及び居住施設の浴槽における死亡者数は4900人で、2008年の3384人と比較すると約10年間で約1・5倍に増加しており、2011年以降交通事故の死亡者数を上回っているとのことである。なお、この数字には、突然に脳卒中を起こして亡くなった数は入っていないとのことで、厚労省研究班の調査では、病死な

区分	国の省エネ基準	ZEH（ゼッチ）	とっとり健康省エネ住宅性能基準 T-G1	とっとり健康省エネ住宅性能基準 T-G2	とっとり健康省エネ住宅性能基準 T-G3
基準の説明	次世代基準（H11年）	2020年標準 政府推進	冷暖房費を抑えるために必要な**最低限レベル**	経済的で快適に生活できる**推奨レベル**	優れた快適性を有する**最高レベル**
断熱性能 U_A値	0.87	0.60	0.48	0.34	0.23
気密性能 C値	—	—	1.0	1.0	1.0
冷暖房費削減率	0%	約10%削減	約30%削減	約50%削減	約70%削減
住まいる上乗せ額	—	—	**定額10万円**	**定額30万円**	**定額50万円**
住まいる最大助成額			**最大110万円**	**最大130万円**	**最大150万円**
世界の省エネ基準との比較	寒 ●日本（0.87） 今の日本	日本は努力義務 欧米は義務化	今の欧米	●フランス(0.36) ●ドイツ(0.40) ●英国(0.42) ●米国(0.43)	暖

※断熱性能(UA値)：建物内の熱が外部に逃げる割合を示す指標。値が小さいほど熱が逃げにくく、省エネ性能が高い。
※気密性能(C値)：建物の床面積当りの隙間面積を示す指標。値が小さいほど気密性が高い。
※「住まいる」とは"とっとり住まいる支援事業"の略称。県内工務店により一定以上の県産材を活用する木造戸建て住宅が対象となる補助金。
※ZEHは、ネット・ゼロ・エネルギー・ハウスの略。断熱化による省エネと太陽光発電などの創エネにより、年間の一次消費エネルギー量(空調・給湯・照明・換気)の収支をプラスマイナス「ゼロ」にする住宅をいう。

図2・3　鳥取県が新設した「NE－ST」の住宅性能基準と日本国・他国との性能比較等
（出典：鳥取県 HP）

ども含めた全国の入浴中の急死者数を年間約1万9千人としている。

これらの現象はヒートショックと言われ、暖かい部屋から温度の低い脱衣所や浴室内に入ることで血圧が上がり、その後、温かい湯に入ることで血圧が低下する急激な血圧の変動が原因である。そこで、鳥取県では、お医者さんや建築関係やエネルギー・環境関係の専門家、地元工務店、鳥取県庁担当者らが相談を重ねて、「NE－ST」という健康省エネ住宅の独自基準を設置した（図2・3）。これは省エネのためでもあるが、健康により主眼を置いている。

この基準づくりで明らかになったのは、日本が1999年につくった「次世代基準」の断熱性能は欧米では認められないレベルのものであり、2016年の省エネ基準でも断熱性能を示すUA値は0・6に過ぎなかったことである。そこで鳥取県では、最低限レベルのT－G1でもUA値を0・48に、T－G2では欧米に匹敵するレベルの0・34、T－G3では最高レベルの0・23にした。

T–G2にすると初期費用で約300万円近く高くなるが、冷暖房費の削減により約15年で元が取れると試算している。さらに、健康面では様々な疾患において改善効果がみられている。

英国、ドイツ、フランス、スウェーデンなどでは、室内の気温をたとえば18℃以下にしてはならない、などの最低基準を法律で義務付けており、寒くない家に住めることは基本的人権として位置づけられている。残念ながら日本には職務空間の最低室温の推奨温度は設定されているが、居住空間については規定がない。

2019年に公表されたEUのグリーンディールは、2030年に向けた気候ターゲット（＝排出量の55％削減）を実現させるための方策を示したもので、その際、公正でコスト効率的で、競争力を高める方法で実現させることを目指すとしている。その後、ウクライナ危機などにより、前述したように削減目標値が57％に上方修正されている。

この政策は、単にCO_2を削減するための省エネ・再エネなどを徹底的に行うだけでなく、様々なベネフィット（便益）を生み出すことを目的にしている。脱炭素により「豊かな自然資源」「良質で省エネな建築物」「健康で充分な食料」「より多くの公共交通」「きれいなエネルギー・先進的技術」「修理可能な長続きするモノの生産」「未来にも確かな仕事・職業訓練」「国際的に競争力を持つしなやかな産業」を実現することを目指している。

「良質で省エネな建築物」については、「よりグリーンな生活へ建築物の改修を」というテーマを掲げ、影響を受ける人々への経済的・社会的・環境的に十分な配慮を行いながら、7年間で1兆円の投資を行うことで2030年までに約半分の建築物を省エネ化することを目指している。また、上記の取組を行うことは、

3500万件の建築物の改修することになり、建設部門で新たに16万人の仕事を生み出すと分析している。

つまり、EUのグリーンディールは、「未来にも確かな仕事づくり」であり、そのためにはしっかりと「職業訓練」をすることで、EU市民が一度就職しても新たなスキルを身につけて、しっかり稼いで家族を養っていくことを支援する政策である。

2・3 ゼロカーボンシティに向けて

国レベルでも2050年ゼロカーボンに向けての取組が進められる中、自治体レベルではどのような手順で取り組めばよいだろうか。いろいろなアプローチ（ゼロカーボンという山の登り方）はあるが、ここでは、①「まずは現状を把握しよう！」②「具体的な対策を考えてみよう！」③「温暖化対策実行計画（事務事業編・区域施策編）をつくろう！」の3つの手順を紹介したい。

たとえば、読者の方で体の調子がどこかおかしいが、どうも今までとは様子が違ってどうしたらよいかわからない、といった症状が出た場合、おそらく病院で病状を確かめ、処方箋をもらいにいくだろう。それと同様にゼロカーボンに向けて現状を把握することが大切だ。

表 2・1　近畿地方の府県における太陽光発電の世帯普及率

太陽光発電導入件数（10kW 未満）[A]	世帯数 [B]	世帯数 [B]	1 世帯あたり普及率 [A/B]	（参考）戸建てあたり普及率
滋賀	49,990	596,167	8.4%	13.7%
京都	46,792	1,231,277	3.8%	7.3%
大阪	121,156	4,391,310	2.8%	7.5%
兵庫	117,803	2,574,868	4.6%	10.1%
奈良	36,092	601,195	6.0%	10.1%
和歌山	28,341	442,178	6.4%	10.0%
全国	2,817,670	59,497,356	4.7%	9.8%

（出典：「第 4 次奈良県エネルギービジョン」）

1　まずは現状を把握しよう！

ここでは奈良県の例を紹介する。奈良県が2018年に策定した「第4次奈良県エネルギービジョン」では、CO_2排出の主要因であるエネルギーの使われ方が示されている。それによると、全国平均に比べて産業部門のエネルギー消費の割合が少なく、業務や家庭部門、つまりオフィスや生活空間でのエネルギー消費割合が高い。つまり、この2つの部門の取組を強化すると削減効果が高いことがわかってくる。また、同ビジョンによると、近畿圏での太陽光発電の普及率が示されており（表2・1）、奈良県は1世帯当たりの普及率（6・0%）や戸建て当たりの普及率（10・1%）が他県より比較的高いとされている。しかし、筆者からすると特に戸建て当たりの普及率に関しては、まだ約90%の屋根に太陽光を設置できる可能性がある、ということになる。

また環境省では、すべての自治体向けに「自治体排出量カルテ」を用意しており、CO_2の部門別排出量、算定報告公表制度による特定事業者の排出量、人口や自動車保有台数などの活動量指標、そして再生可能エネルギー情報提供システム（REPOS）による再エネポテンシャルデータがエクセルシートで入手できる。

奈良県の「自治体排出量カルテ」の「区域内の再生可能エネルギーの導入ポテンシャル」を見ると、太陽光発電と並んで地中熱のポテンシャルが大きいことがわかる。また、電力の区域内エネルギー需要に対する再エネ導入ポテンシャルを比較すると、3・3倍のポテンシャルがあることが示された。つまり、奈良県では電力を自給できるポテンシャルは十分あり、さらに他地域に販売できるだけの余力もある、ということである。

人口約1500人の奈良県川上村の「自治体排出量カルテ」を見ると、風力発電や中小水力発電のポテンシャルが大きく、電力のポテンシャルは40倍と自地域の需要を大きく上回る再エネポテンシャルが存在する。

なお、バイオマス資源についてはどちらのケースでも、森林系や農業系などの資源は十分にあっても肝心の林業が地域で成り立っていないなど各地域での事情が異なることから、先ほど示した数値の中には含まれていない。

2　地域のお金の流れを知る

環境省では、「地域経済循環分析」をすべての自治体向けに作成している。なぜ「地域経済循環分析」が大事かというと、一見、地域経済のパイが拡大しているように見えても、内実は外からお金が入って、外にお金が流れているだけで、中でお金が回らず、そこに住んでいる方々の生活を豊かにすることにはあまり役に立っていないケースが往々にしてあるからだ。

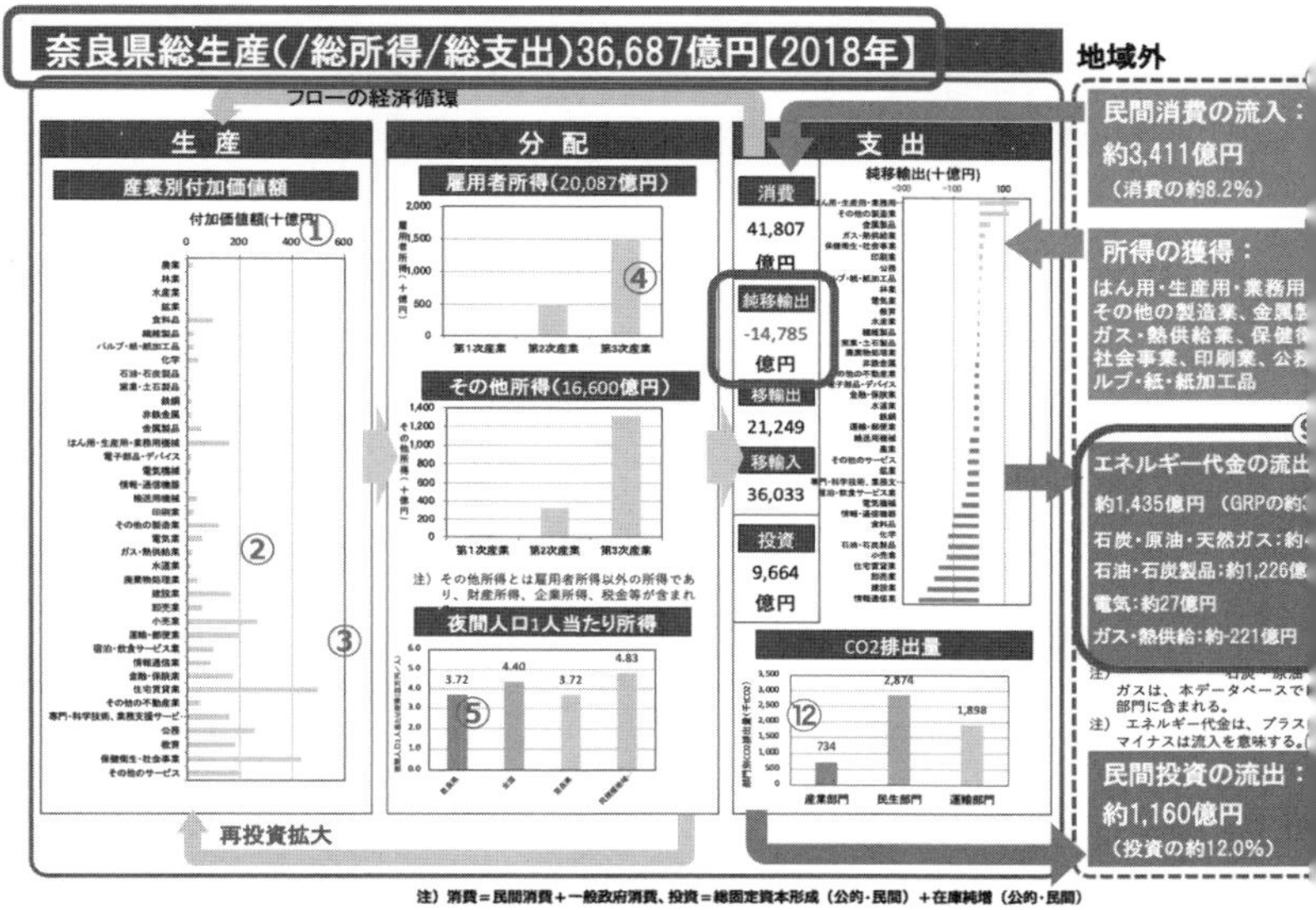

総生産：３兆７千億　純移輸出：−１兆５千億　エネルギー−１千４百億

図 2・4　奈良県の所得循環構造の結果（出典：環境省「地域経済循環分析」に筆者加筆）

その典型例は、大都市や外国の資金などで山肌を削ってつくられたメガソーラーだろう。今まで、ほぼ利用価値がないとみなされていた荒れた山の斜面の木を切って、そこにメガソーラーを張り付けるように設置し、太陽光による電力を発電することで、役に立っているように見えるかもしれないが、ほぼすべてのケースで固定価格買取制度によって電力市場に売電されることで地域で直接にその電気を使うことにはならず、また売電した収入はほぼすべて投資した大都市や外国の資本に還流されるため、地域に残るのは土地の使用代や、設置のときに地元工務店が仕事をしていたら建設工事費ぐらいでほとんど地域にお金が残らない構造になっている。

奈良県の「地域経済循環分析」の結果（図2・4）を見てみると、総生産が3兆7千億円で、純移輸出はマイナス1兆5千億円（つまり赤

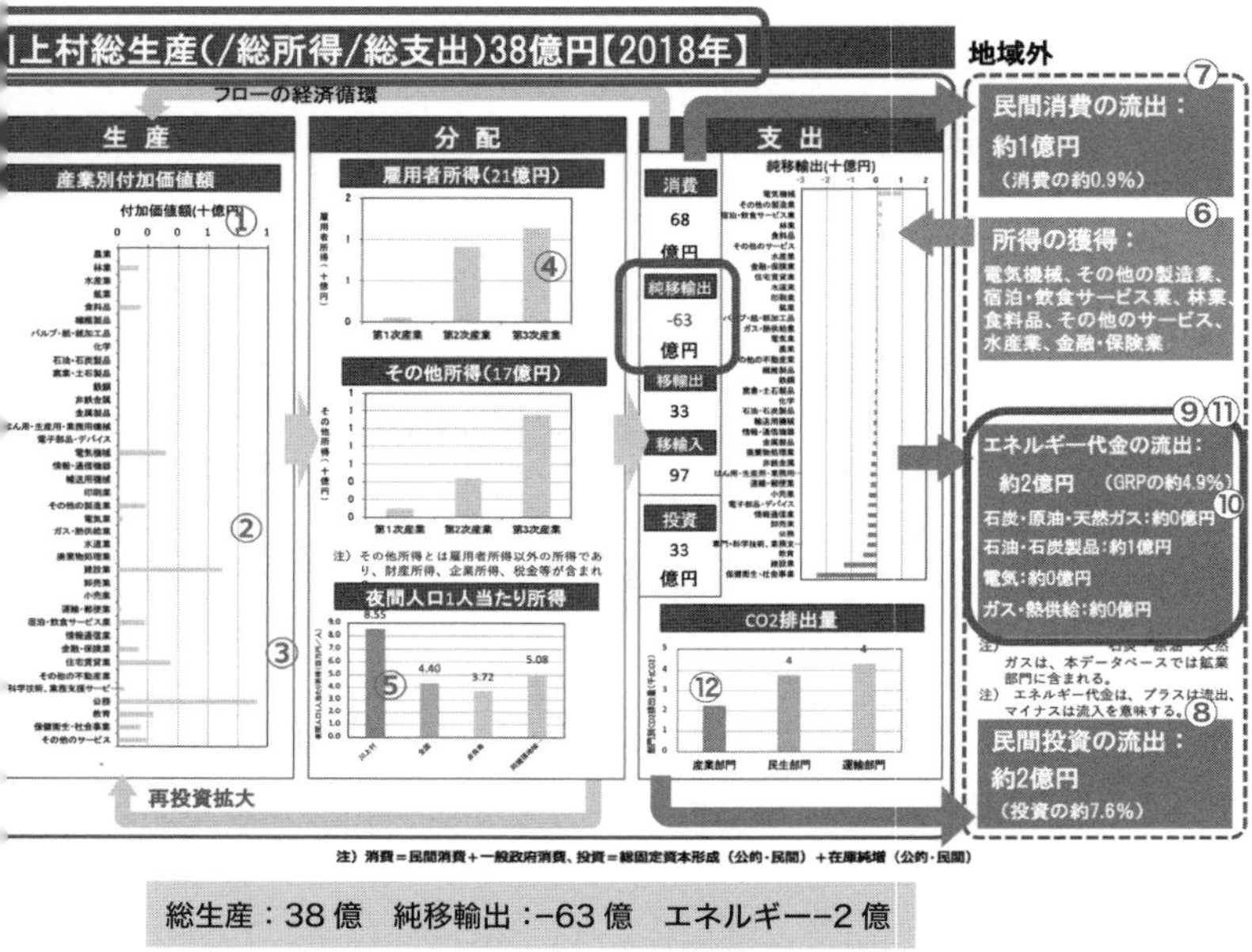

図2・5　川上村の所得循環構造の結果（出典：環境省「地域経済循環分析」に筆者加筆）

字）、エネルギー代金はマイナス1400億円（つまり流出）となっている。「域外から所得を獲得している産業」（つまり稼いでいる産業）を見ると「はん用・生産用・業務用機械」「その他の製造業」で稼いでいるが、「石油・石炭業」「建設業」「情報通信業」は赤字になっているため、全体では純移輸出が大きくなっている。

川上村では、総生産38億円に対して純移輸出がマイナス63億円（つまり赤字）と純生産を上回っている（図2・5）。エネルギー代金はマイナス2億円（つまり流出）となっている。残念ながら川上村の大きな再エネポテンシャルを十分に活用できているとは言い難い。

3　具体的な対策を考える

現状について大まかに把握したところで、次は具体的な対策を考えてみよう。

奈良県「第4次奈良県エネルギービジョン」では、基本理念として「脱炭素を指向し、強靭な社会の構築に向けたエネルギーのかしこい利活用」を基本理念に掲げ、再エネによる電力自給率を2020年の26%から2024年度までに30%にすることを目標にしている。特に気候変動による自然災害によって、送電線が切れてエネルギーが途絶するケースがしばしばみられるようになる中で、防災意識の高まりとともに、レジリエントな社会が目指されている。

また、「エネルギーのかしこい利活用」も大事なことであり、冒頭にバケツを使って例えた省エネ・再エネを愚直にしっかりとやっていくことにつながる。具体的には、「次世代エネルギーの効果的かつ効率的な活用」「緊急時のエネルギー対策の推進」「エネルギーをかしこく使うライフスタイルの推進」という3つの柱を設定し、そこに施策・事業が列記されている。これらは多少の地域的な特徴はあれど、どの自治体も共通して取り組むべき施策・事業体系である。

奈良県の場合には特に「木質バイオマスなどの利用促進」が重点として挙げられている。国土の3分の2を占める森林から発生する木質バイオマスの有効活用は非常に重要である。日本の森林は世界と状況が異なり、半分以上は伐採時期を迎えているが、放置されて、荒れた森林による山崩れやがけ崩れなどの土砂災害が起こりやすくなっている。一方で、せっかくバイオマス発電所を建設したのに、まわりから原料が確保できず、遠方やさらには外国のバイオマス資源を使って発電しているケースもあり、地域経済循環的には宜しくない状況である。

奈良県で進めている、下市町内での薪ストーブ設置や天川村内の薪ボイラー設置による地域資源を有効活用した木質バイオマスの利用は素晴らしいが、一方である程度の量が出てこないと大きなCO_2削減にはつながらないため、それ相当の規模での普及を進めていくことも重要である。

4　脱炭素先行地域を検討してみよう

環境省が進める「脱炭素先行地域」も紹介したい。脱炭素先行地域は「2050年カーボンニュートラルに向けて、民生部門（家庭部門及び業務その他部門）の電力消費に伴うCO_2排出の実質ゼロを実現し、運輸部門や熱利用なども含めてそのほかの温室効果ガス排出削減についても、我が国全体の2030年度目標と整合する削減を地域特性に応じて実現する地域」で環境省により選定される。

つまり、対象となる主要な部門は民生部門であり、すべての部門のCO_2をゼロにするものではない。また、対象とする地域は「全域、行政区、中心市街地、集落など一定のまとまりを持つ既成の範囲に基づくもの」を原則としており、必ずしも自治体のすべてのエリアを対象としたものでなくてもよい。また、「先行」とあるので、「最新の技術を活用する取組」かと思われるかもしれないが、そうではない。2030年度までに対象エリアの対象部門のCO_2ゼロを実現するために、既に普及している技術により、基本的に、①経済性が確保されていること、②導入規模が大きく、他地域も含め当該技術の新たな需要創出の可能性があること、③地域の事業者が主体となって実施し地域経済循環に貢献することといった点に適合するものを主対象にしている。

筆者は2022年1月から「脱炭素先行地域」の評価委員会委員（座長代理）を務めているが、同年1〜2月に第1回公募が行われ、79件の計画提案に対して書面審査、ヒアリング審査などをする中で、「脱炭素先行地域とは一体どういった地域のことを指すのだろうか」「どういった取組や座組（チーム構成）だと2030年度までに実現する可能性が高まるのだろうか」を自分自身に問いながら評価をさせていただいた。

「脱炭素先行地域」は2030年度までの実現を支援するために、桁の違う予算（一提案につき最大50億円）を政府が用意しているので、実現に重きを置いた評価を心掛けた。

2022年4月26日に26件の提案が選定され、評価委員会の総評として、①範囲の広がり・事業の大きさ、②関係者と連携した実施体制、③先進性・モデル性の3点の重要性を指摘した。

評価委員と事務局によるヒアリングでの質疑や意見交換などを通じて、大きな予算を使う以上はそれ相応の CO_2 削減量を達成すること、2030年度まで数年しかないことから実現するための座組が既に見えていること、選定された事例がドミノの起点のように横展開することが、脱炭素先行地域自体の成功のカギだと考察した。

その後、第2回公募に対して50件の計画提案があり、2022年11月1日に20の提案が選定された（図2・6）。第3回公募では、民間事業者などとの共同提案が必須となったほか、重点選定モデルとして、CO_2 削減効果の大きな技術で地域経済に貢献する「地域版GXに貢献する取組」などが新設された。2025年度までに少なくとも100か所を選定するため、年2回程度の公募を行うとしている。

脱炭素先行地域を提案できるのは、すべての地方公共団体（市区町村、都道府県）であり、それぞれの自治

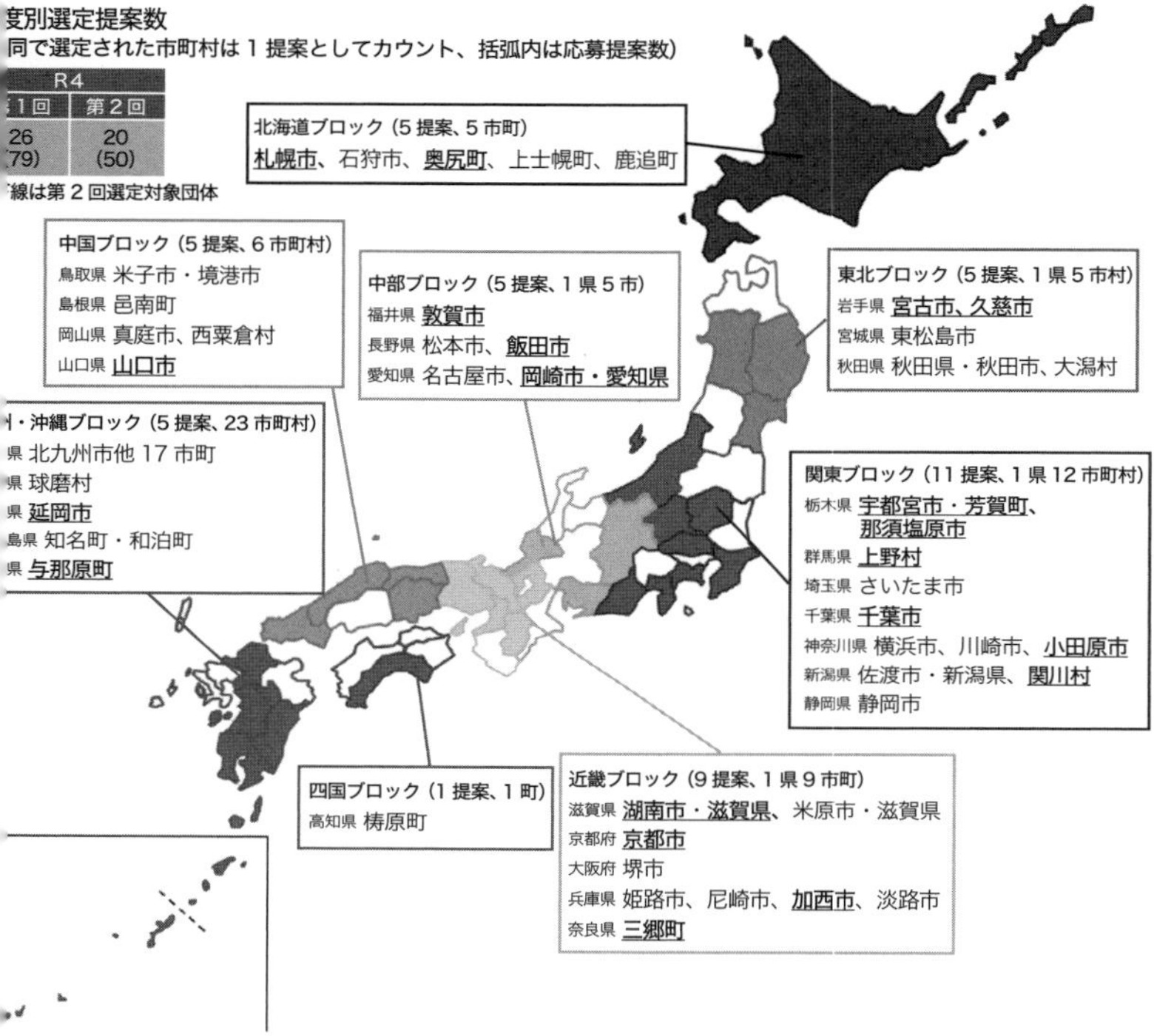

図 2･6　脱炭素先行地域の選定状況（第1回及び第2回）
（出典：環境省 HP「脱炭素先行地域（第２回）選定結果について」）

体の置かれている状況によって、様々な脱炭素の実現の形がある。

例えば北海道上士幌町は、畜産ふん尿の処理過程で発生するメタンガスを利用したバイオガス発電などの電力を地域新電力を通じて町全域の家庭・業務ビルなどに供給し脱炭素化を目指している。役場庁舎中心に大規模停電などの非常時においても防災拠点として電力を確保する予定である。

住生活エリアとビジネス・商業エリアがまたがる例として、栃木県宇都宮市は太陽光発電・大規模蓄電池を導入して、2023年8月運転開始予定のLRTの100%再エネ稼働を目指す。また、需要家の蓄電池の制御やEVバスの調整電源としての活用による高度なエネルギーマネージメントシステムを構築することで中心市街地の脱炭素化を目指している。

自然エリアの例として、長野県松本市では、乗鞍高原地区の各施設の屋根などに太陽光を導入するほか、地域主導・地域共生型の小水力発電施設の導入により脱炭素化し、地域課題を解決することを目指している。

5 温暖化対策実行計画をつくろう！

1998年に施行された地球温暖化対策の推進に関する法律では、「都道府県及び市町村は、単独でまたは共同して、地球温暖化対策計画に即して、当該都道府県及び市町村の事務及び事業に関し、温室効果ガスの排出の量の削減などのための措置に関する計画（以下「地方公共団体実行計画」という）を策定するものとする」と規定されており、行政の事務及び事業を対象としていることから「事務事業編」と呼ばれている。すべての自治体が策定する努力義務を負っており、2021年10月時点で日本の全1788自治体のうち1605自治体（89・8％）が「事務事業編」を策定している。

また、同法では、地方公共団体の区域を対象とした温室効果ガス排出量削減計画を策定することが規定されており、これを「区域施策編」と呼んでいる。当初は都道府県や政令指定都市、中核市、施行時特例市のみに策定の努力義務がかかっていたため、2021年10月時点での策定割合は32・3％であった。2021年6月の法改正によって、都道府県、指定都市、中核市、施行時特例市は義務づけ、その他市町村は努力義務が課せられたため、小規模自治体でも策定を検討する必要に迫られている。また「事務事業編」はすべての地方公共団体で策定が義務付けられた。

2023年2月28日時点で2050年CO_2排出実質ゼロ表明した自治体数は、東京都・京都市・横浜市を始めとする871自治体（45都道府県、510市、21特別区、252町、43村）となり、表明自治体総人口約1億2455万にのぼる。※6

(1) 高知県黒潮町の取組

人口約1万人の高知県黒潮町は、2021年6月1日に2050年温室効果ガス排出実質ゼロを目指す「黒潮町ゼロカーボンシティ宣言」を行った。そこで、具体的な取組をまとめるために、2022年4月から黒潮町地球温暖化対策実行計画（区域施策編）の策定を始めたのだが、住民目線で参考になるケースのため、ここで取り上げたい。

まず、区域施策編の原案が完成しパブコメをやるにあたって、「意見が出てこないようなパブコメをやっても仕方がない」との自治体担当者の意向のもと、「パブリックコメントを考える会」を行い、計画（案）の説明、質疑応答、意見交換を経て、実際にパブコメを書いてもらう場を設けた。しばしばディフェンドに回り、あまり知られないままにパブコメが終わってしまうケースが散見される中、自治体担当者自らが計画をより良いものにしたいという姿勢のもとで考える会を実施することはとても大切だ。その結果、14人、40件のパブコメが集まった。※7 どれもゼロカーボンシティを前進させようという前向きなものだった。

すべての都道府県には温暖化防止活動推進センターが設置されており、また温暖化防止活動推進員が任命されているが、その活動は地域によってまちまちである。黒潮町の区域施策編策定にあたっては、黒潮町在住の温暖化防止活動推進員の発意のもと、「グレタひとりぼっちの挑戦」の映画上映会が行われ、子ども連れを含む多くの住民が参加し「子育て・福祉」「暮らし」「仕事」「その他」という特に子育て世代が入りやすい入口からゼロカーボンの意見出しを行った（図2・7）。そこで集まった町民の意見やアイデアをすべて区域施策編に入れ込むとともに、「わたしたちが描いた2050年黒潮町ゼロカーボンシティ」にまとめていったプロセスは、今後の住民参加による取組を進めていくうえで、後々大きな意味を持ってくるだろう。

黒潮町の区域施策編策定のもう一つの特徴は、高知県温暖化防止活動推進センターを運営している「NPO法人環境の杜こうち」が策定の業務委託を受託して、事務局として策定プロセスに入っていることである。

自治体が区域施策編を作成する場合は往々にして、今回のように業務委託を出すのだが、受託するのは大手コンサルが多く、心あるコンサルが対応するケースもあるが、大概の場合は具体的にどのような温暖化の取組を進めて行けばよいかといった策定から次のステージになったときに、地域にノウハウが残らず対策が進まないケースが多くみられた。温暖化防止活動推進センターが区域施策編の策定にしっかり入って、そのあとのフォローアップを現場に寄り添いながら進めていけると、具体的な取組が進みやすくなるのではないかと考える。

環境省「地方公共団体実行計画策定・実施マニュアルに関する検討会」（2021年9月から12月）に委員として参画させて頂いたときに、温暖化防止活動推進センターこそ、区域施策編の策定を支援する機関になるべきと発言していた筆者にとって、同センターが事業委託を受け、事務局に入って区域施策編立案にかかわったケースを知れたことは大変嬉しいことだった。

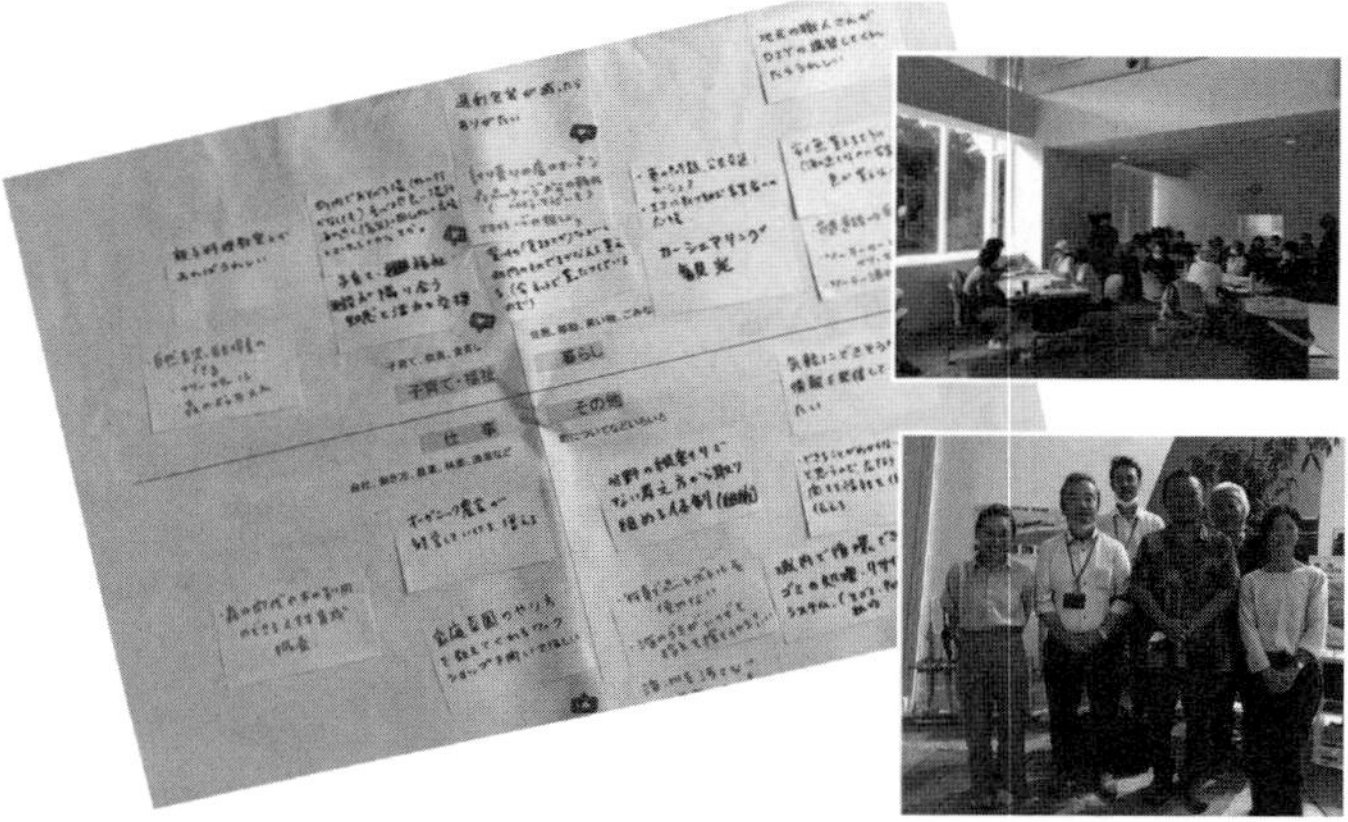

図 2･7　黒潮町民井戸端会議の様子（提供：高知県温暖化防止活動推進センター）

ただし、黒潮町の温室効果ガス排出量の現状把握や削減量の推計など数字に関する扱いが地域センターでは難しく、その部分は専門家に依頼したと聞いた。自治体排出量カルテなどを活用しつつも、このあたりは地方の大学やシンクタンクなどでサポートできる体制が整うことが望ましい。

黒潮町（及び実は高知県日高村も）の策定プロセスで、もう一つ関心を持ったのは役場庁内の策定委員会とは別に、役場庁内の各課や室の担当者で構成される「庁内作業部会」という温暖化対策に関する検討・勉強会を4回×240分行い、それぞれの既存の業務とのつながりの延長で、ゼロカーボンの施策を同定していったことだ。これらの取組を重ねたことで、2030年60％削減の計画を策定しており、2023年4月からその実現に向けて動き出すことだろう。

(2) 東京都葛飾区の取組

東京都葛飾区は東京都23区では最初に「2050年までに温室効果ガス（CO^2）の排出量実質ゼロ」を目指すことを2020年2月6日に宣言した。そこで、2022年3月に「第3次葛飾区環境基本計画」を策定し、区域全体で2050年までにCO_2をゼロに、2030年までに温室効果ガス排出量を国の2013年度比46%より野心的な50%に削減する実施案を示した（図2・8）。この中で、「今後、公共施設の新築や改築の際には、設計段階で省エネ性能を明確にし、ZEBの標準化を進めます」「公共施設の改修についても、ZEB化を目指して施設の省エネ性能を高める検討を進めます」と明記しており、これを根拠にこの後で説明する「事務事業編」にて具体的な率先活動を示している。

葛飾区「第3次葛飾区環境基本計画」の「基本目標2：気候変動に対するさらなる取組の強化」に該当する部分を「葛飾区地球温暖化対策実行計画（区域施策編）」に位置付けて、区内最大規模の事業者である区自身が率先して温暖化対策など環境行動を推進していくことを明確にするために「葛飾区地球温暖化対策実行計画（事務事業編）」を同じく2022年3月に策定した。

葛飾区では、自治体自らが率先して温室効果ガスの削減に取り組む姿を見せるため、区の事務事業に伴い排出される温室効果ガスの削減率を2026年度までに2013年度比で41%削減、2030年度までに51%削減する目標を掲げている（2020年度で26・3%の削減を実現している）。具体的な取組として、「再生可能エネルギーの導入推進」「公共施設における省エネルギー対策の推進」「ZEV（ゼロエミッション・ビークル）への転換」「環境行動の推進」「その他の取組」を掲げている。

「再生可能エネルギーの導入推進」では、公共施設の新築・改築などの際に、可能な限り太陽光発電システムを設置し、特に、災害時の避難所となる学校などでは、蓄電設備を伴う太陽光発電システムを計画的に設置し、自立・分散型エネルギーシステムによる電源及び熱源の確保を行い、災害に強いまちづくりを推進する、

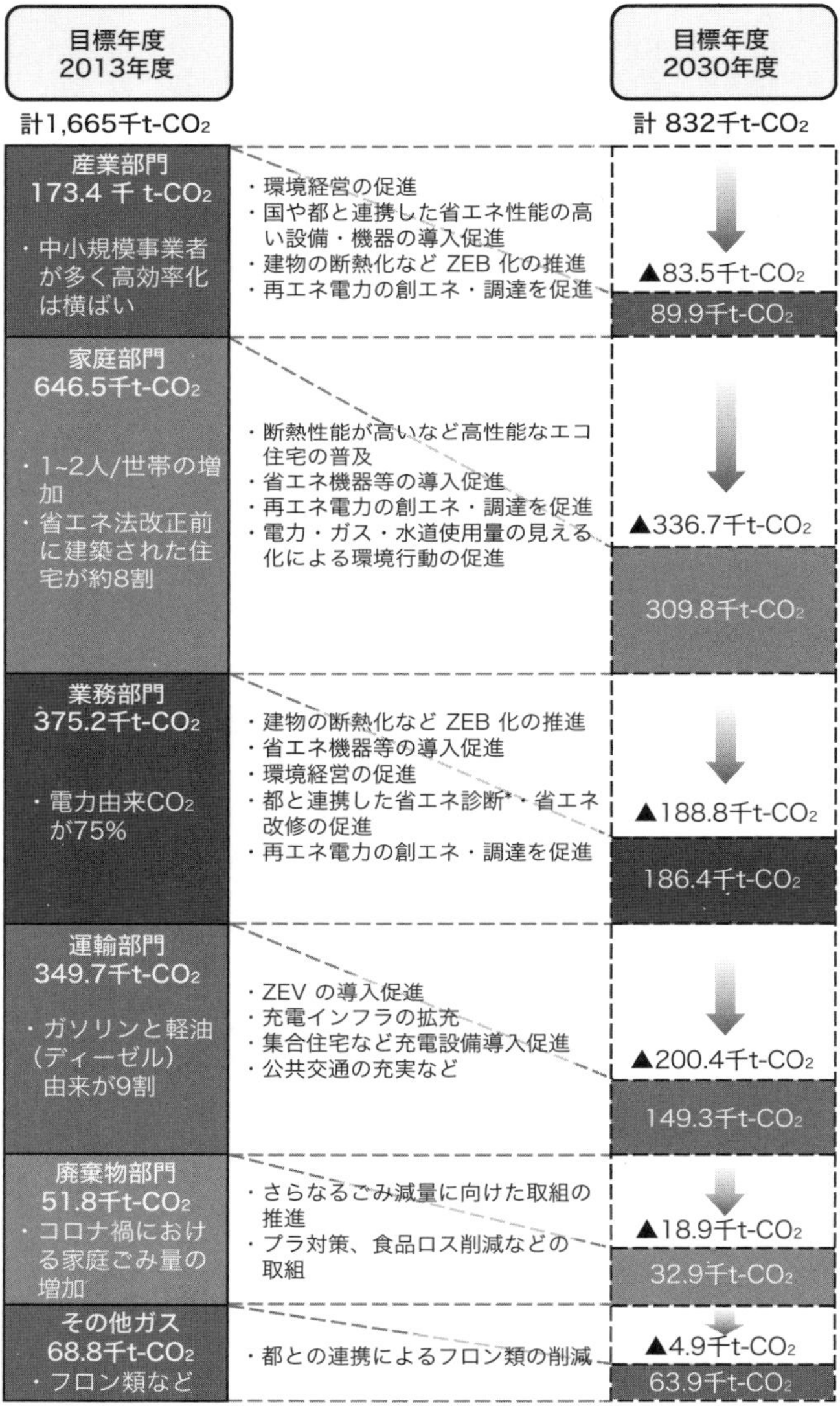
目標年度
2013年度
計1,665千t-CO2
目標年度
2030年度
計 832千t-CO2
産業部門
173.4 千 t-CO2
・中小規模事業者が多く高効率化は横ばい
・環境経営の促進
・国や都と連携した省エネ性能の高い設備・機器の導入促進
・建物の断熱化など ZEB 化の推進
・再エネ電力の創エネ・調達を促進
▲83.5千t-CO2
89.9千t-CO2
家庭部門
646.5千t-CO2
・1~2人/世帯の増加
・省エネ法改正前に建築された住宅が約8割
・断熱性能が高いなど高性能なエコ住宅の普及
・省エネ機器等の導入促進
・再エネ電力の創エネ・調達を促進
・電力・ガス・水道使用量の見える化による環境行動の促進
▲336.7千t-CO2
309.8千t-CO2
業務部門
375.2千t-CO2
・電力由来CO2が75%
・建物の断熱化など ZEB 化の推進
・省エネ機器等の導入促進
・環境経営の促進
・都と連携した省エネ診断*・省エネ改修の促進
・再エネ電力の創エネ・調達を促進
▲188.8千t-CO2
186.4千t-CO2
運輸部門
349.7千t-CO2
・ガソリンと軽油(ディーゼル)由来が9割
・ZEV の導入促進
・充電インフラの拡充
・集合住宅など充電設備導入促進
・公共交通の充実など
▲200.4千t-CO2
149.3千t-CO2
廃棄物部門
51.8千t-CO2
・コロナ禍における家庭ごみ量の増加
・さらなるごみ減量に向けた取組の推進
・プラ対策、食品ロス削減などの取組
▲18.9千t-CO2
32.9千t-CO2
その他ガス
68.8千t-CO2
・フロン類など
・都との連携によるフロン類の削減
▲4.9千t-CO2
63.9千t-CO2

図 2・8　葛飾区が目指す2030年50%削減への実行計画案
（出典：葛飾区「第 3 次葛飾区環境基本計画」2022 年 3 月）

としている。また、２０３０年度までに公共施設への調達電力の60%以上をＲＥ１００（再生可能エネルギー１００％）に切り替える目標を立てている。

「公共施設における省エネルギー対策の推進」では、葛飾区環境配慮指針に基づき、道路・公園を含むすべての公共施設の「計画・設計」「施工」「管理・運用」の各段階において、区独自に定めた環境性能基準に則した整備を行うとともに、今後建替などを行う公共施設については、ZEB Ready以上の認証を目指しＺＥＢの標準化を進め、認証が実現困難な施設は、可能な限り省エネ性能を高める、としている。また、省エネルギー化や運用の最適化を行う管理システムの導入や、人感センサーによる照明の効率化などのエネルギー管理システムを導入するとともに、街路灯のＬＥＤ化、屋上緑化・壁面緑化を進めるとしている。

「ＺＥＶ（ゼロエミッション・ビークル）への転換」では、庁用車を電気自動車（ＥＶ）、燃料電池自動車（ＦＣＶ）またはプラグインハイブリッド自動車（ＰＨＶ）を標準とするよう、買替に伴い計画的に転換するとしている。

「環境行動の推進」では、グリーン購入、紙の使用量削減、３Ｒ[注1]及び紙やバイオプラスティックなどの再生可能な資源を選ぶRenewable、職員による省エネ行動の推進を掲げている。

筆者が最も関心を寄せるのは、葛飾区が公共施設の新築の際には設計段階で省エネ性能を明確にし、「ＺＥＢの標準化」を進め、改修についても、ＺＥＢ化を目指して施設の省エネ性能を高める検討を進めると定めたことだ。

つまり、葛飾区が所有・運営するすべての公共施設の新築・改修に対してＺＥＢ化を検討するとしており、筆者が見る限り、国を含めて日本で初めて「ＺＥＢの標準化」を宣言した地方公共団体である。

葛飾区では、有識者を招いて勉強会を開催する以前から、温暖化の取組、特にZEBについて自主的な勉強会を行っていた。なぜその勉強会が行われたのか教えてもらったところ、東京都の2030年カーボンハーフの資料を読んだところ、これは大変な問題だと気付き、自らの部署でできることを考え、特にZEBについて営繕課の有志と勉強を始めたとのことだった。毎回講師役を交代し、それぞれが勉強することで「我がコト化」し、また学校の改修の機会にZEB化を検討するなどの実践も交えたところ、なんとかできるかもしれない、という感触に至ったそうだ。それが、事務事業編でのZEBの標準化につながり、2022年3月には葛飾区立清和小学校で児童や保護者とともに教室の一部の壁の断熱DIYを行うに至っている。また、担当者らと一緒に他の区を訪問してZEBの推進に関する意見交換をする機会も頂いた。

ウクライナ危機以降の物価高騰により、ZEBなどを進めるのに必要な資材も高くなり、当初の予算では対応しきれないとの懸念もあるようだが、一方で、ZEB化を推進しないことは、エネルギー効率の悪い建築物を延命させて、余計なエネルギー費用の負担が重なり、CO_2を出し続けることにもなるので、葛飾区にはなんとか工夫してZEB標準化の先陣を切ってもらいたい。

これは、住宅にも言えることで、ZEH（ゼロエネルギーハウス）の取組も進めることが重要だ。葛飾区の担当者によるとZEHは、単にエネルギー・CO_2のためだけではなく、もっぱら健康や快適性、そして災害時のため、さらには自分の言葉を重ねると、寒すぎず・暑すぎない住居に住めることで身の危険を感じる恐れが少ないという「基本的人権」のためである。

2・4 ゼロカーボンシティの先進的取組と報徳仕法

長野県では2011年秋から2050年ビジョンづくりを始めて、計画づくり、再エネや住宅・建築物の省エネに関する対策・条例づくり、まちづくりの視点も踏まえた取組の深化を進めている。

東京都は「都民の健康と安全を確保する環境に関する条例の一部を改正する条例」（2022年12月22日公布条例第141号）により、太陽光発電設備付きの住宅の標準化を進めるなど、世界で最初に都市レベルで建築物を対象とした「キャップ&トレード制度」を導入した自治体に相応しい取組を進めている。筆者は、この条例改正を現場で主導した職員らの協力を得て、環境省の事業の一環として、同制度のエッセンスをマレーシアの首都であるクアラルンプール市に移転する支援活動を行っており、最近では脱炭素先行地域に選定されているさいたま市の協力を得ながら、クアラルンプール市内にあるカーボンニュートラル成長地区に指定されたワンサマジュ地区のゼロカーボン化の支援に広げている。川崎市でも新築建築物への屋根置き太陽光導入や市内企業の脱炭素に向けた取組計画書・報告書の制度化などを行う条例の改正案が2023年3月議会で可決した。

また、公共施設の屋根などへのPPA事業（Power Purchase Agreement（電力販売契約））の展開や、地域新電力的なアプローチも進んできており、例えば㈱能勢・豊能まちづくりは、できるだけ持続可能なエネルギーを調達しながら地域にエネルギーを供給しつつ、売上の2％を地域活動に資金提供している。

多くの課題を抱える我が国の状況を考える上で、筆者は「報徳仕法」が参考になると考えており、その背景・経緯を概説して本章を締めくくりたい。

18世紀後半の天明の飢饉により相馬中村藩（現在の福島県浜通り北部）は、人口の激減、田畑の荒廃が進み、移民や財政再建を進めても先が見えない状況だった。打開策を求めて江戸で勉学していた藩士の富田高慶は報徳仕法の実践成果を聞き、二宮尊徳（1787～1856年）に入門し高弟となり、1845年から尊徳に代わり領内226の村のうちの101の村で報徳仕法を実践し、55の村の立て直しに成功したという。後に富田高慶は『報徳記』をまとめ、報徳仕法の根本を「至誠」とし、これを実施するにあたって「勤労」「分度」「推譲」が必要だとした。

江戸後期の人口減少・低成長の時代で、何よりも村民の本気を見極めて、実践事例である「モデル村」を選定し、的確な農業技術で収量を確保し、その成功を他の村に展開していく手法の本質は、まさに地域に裨益する「ゼロカーボンシティ」のドミノ的な展開そのものであろう。また、後に学んだのだが、尊徳は金融にも明るく、「経済なき道徳は戯言であり、道徳なき経済は犯罪である」という言葉を残したとされている。

現代版「報徳仕法」を実践する時である。

注釈

注1　Reduce（廃棄物の発生抑制）、Reuse（再使用）、Recycle（再資源化）のこと。

参考文献

※1　気象庁「海面水温の長期変化傾向（日本近海）」2021年3月10日発表

※2　田村堅太郎、IGES 気候変動ウェビナーシリーズ「COP26 結果速報：グラスゴーで決まったこと」2021年11月19日　https://www. iges. or. jp/jp/events/20211119

※3　IRENA「Renewable Power Generation Costs in 2019」

※4　IRENA「2020年、世界の再生可能エネルギー導入容量が過去最高に」2021年4月5日　https://www. irena. org/-/media/Files/IRENA/Agency/Press-Release/2021/Apr/IRENA-Capacity-Stats-2020_Press-Release_Japanese. pdf?la=en&hash=0C99521D03B887ED48DCDF939252539829684B03

※5　YKK APのHP　https://www. ykkap. co. jp/consumer/satellite/products_window/reliable_pvc-windows/

※6　環境省「地方公共団体における2050年二酸化炭素排出実質ゼロ表明の状況」https://www. env. go. jp/policy/zerocarbon. html

※7　黒潮町「黒潮町地球温暖化対策実行計画（区域施策編）（案）」に関する意見公募への回答について」https://www. town. kuroshio. lg. jp/pb/cont/juumin-osirase/35403

第３章

脱炭素先行地域を徹底解剖

（一社）ローカルグッド創成支援機構　稲垣　憲治
㈱イー・コンザル 研究員　小川　祐貴
京都大学　諸富　徹

3・1 脱炭素先行地域の取組・実施体制の傾向

本書においてこれまでたびたび言及されてきた「脱炭素先行地域」における取組は、現時点での日本における自治体脱炭素施策の主な先進事例と言える。

そこで本章では、第1回募集で選定された26の脱炭素先行地域について、公表資料[※1、※2、注1]をもとに徹底解剖し、各地域の具体的な取組や実施体制を整理するとともに、選定自治体（脱炭素を推し進めることのできる自治体）の特徴を明示する。

1 再エネ種別

脱炭素先行地域において提案された再エネ種別を表3・1に示す。選定された26地域すべてで太陽光発電の導入が提案されていた。特に公共施設への設置提案が多数を占めた。一方で、風力発電、小水力発電、バイオマス発電、地熱発電の新規導入提案は多くない結果となった。風力発電は8自治体が提案しているが、既存の風力発電を活用するものが多く（石狩市、横浜市、梼原町、知名町）、新規導入でかつMW級は秋田県（2・3MW）と北九州市のみであった（北九州市は、再エネ海域利用法に基づく促進区域への指定を目指すことや風

表 3・1　脱炭素先行地域において提案された再エネ種別など

再エネ種別など	件数	脱炭素先行地域
太陽光発電	26	(新設) 全地域
風力発電	8	(新設) 秋田県、名古屋市、西粟倉村、北九州市 (既設) 石狩市、横浜市、梼原町、知名町
小水力発電	5	(新設) 松本市、静岡市 (既設) 真庭市、西粟倉村、梼原町
廃棄物発電	6	(新設) さいたま市、川崎市 (既設) 横浜市、名古屋市、尼崎市、米子市
木質バイオマス発電	5	(新設) 石狩市、真庭市、梼原町 (既設) 佐渡市、西粟倉村
バイオガス発電 (消化ガス発電含む)	5	(新設) 鹿追町、秋田県、真庭市 (既設) 上士幌町、米子市

表 3・2　脱炭素先行地域において提案されたエネルギーマネジメント手法など

エネマネ手法など	件数	脱炭素先行地域
蓄電地	26	全地域
マイクログリッド、自営線など	11	石狩市、上士幌町、鹿追町、東松島市、秋田県、大潟村、静岡市、米原市、尼崎市、梼原町、知名町
水素	8	石狩市、鹿追町、秋田県、川崎市、静岡市、名古屋市、姫路市、北九州市

力発電関連産業の総合拠点化などの提案)。また、小水力発電についても新規導入は松本市、静岡市の2自治体のみであった。バイオマス発電についての提案は、合計14自治体から提案がされ、その内訳は、廃棄物発電6自治体、木質バイオマス発電5自治体、バイオマス発電(消化ガス含む)5自治体であった。このうち、新設提案は、廃棄物発電(さいたま市、川崎市)、木質バイオマス発電(石狩市、真庭市、梼原町)、バイオマス発電(鹿追町、秋田県、真庭市)であった。地熱発電の提案はなかった。

太陽光発電導入提案に偏った背景として、①脱炭素先行地域では2030年での民生部門の電力消費に伴うCO_2排出の実質ゼロが求められていることから、リードタイムの長い風力発電や地熱発電などの再エネ提案がしづらいこと、②第1回募集ということもあり、応募内容の公開から申請締切までの期間が短かったことなどから、リードタイムが短く、設置場所の調整が比較的難しくなく、経済性にも優れた太陽光発電に偏ったと考えられる。

2　エネルギーマネジメント手法など

26脱炭素先行地域におけるエネルギーマネジメント手法などは表3・2のとおりとなった。蓄電池の導入が全26地域において提案された。蓄電池導入の目的としては、①太陽光発電と同じ建物に設置することで太陽光発電からの電気を有効活用する、②停電時にも蓄電池により電気供給を可能とする（レジリエンス向上）ものが多数を占めている。また、再エネの系統接続が課題となっている地域で、系統接続対策用として蓄電池導入を提案する地域も見られた（大潟村、米原市）。蓄電池については採算性が課題だが、脱炭素先行地域に選定されると脱炭素移行・再エネ推進交付金が受けられるため、当該交付金を活用して蓄電池の採算性を確保する想定と考えられる。

また、蓄電池と併せてEMS（エネルギーマネジメントシステム）の導入も見受けられる（さいたま市、佐渡市、静岡市、西粟倉村、北九州市など）。米子市は、公共施設群などの電力使用量を一元管理し、見える化するデータプラットフォームを構築する。これにより、自治体職員にエネルギー効率使用を促すとともに、学校教育に活用することで市民の行動変容を促進する提案となっている。地域でのエネルギー管理・マネジメントが先進自治体で始まっている。

小規模エリア内で発電機と電力消費施設を電線でつなぎエネルギーマネジメントを行うマイクログリッドな

pick up

広がりつつある「オンサイトPPA」

脱炭素先行地域における公共施設への太陽光発電の設置手法として、オンサイトPPAの設置提案も16に上り、同手法が自治体にも広まってきたことを印象づけた。

オンサイトPPAは、PPA事業者が需要施設の屋根などを借りて太陽光発電を設置し、発電された電力についてその施設で使用された分の電気料金を需要家から受領する事業モデルである（図3・1）。PPA事業者が太陽光発電導入の費用負担をするため、自治体は初期費用を負担することなく公共施設に太陽光発電を設置できる。また、太陽光発電設備はPPA事業者所有となるため、メンテナンスなども事業者に対応してもらえる。

一方で、自治体側では、公共施設の屋根を長期間貸し出す必要があり、貸し出し方法の検討・手続きが必要である（貸付、目的外使用許可の2種類の手法がある）。20年間程度の長期契約をする必要があり、信頼できるPPA事業者と契約することが重要になる。

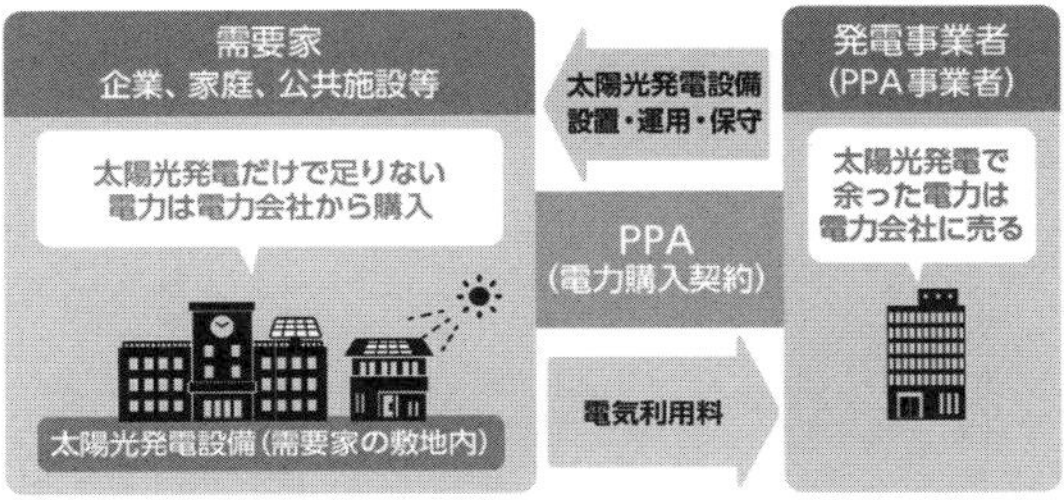

図3・1　オンサイトPPAの仕組み
（出典：環境省資料）

pick up

高くなる電気代

オンサイトPPAは、電気料金の上昇リスクを低減できる点も言及したい。近年、電気代は上昇を続けている。東日本大震災前（2010年度）と比べ、2021年度の電気代は家庭用で31％、産業用で35％上昇している（図3・2）。一方で、太陽光発電の導入費用はこれらの期間下降傾向であり、相対的に自家消費型太陽光発電の経済的メリットが上昇しているのである。

また、もともとLNG・石炭などのエネルギー資源の需給が世界的にタイトであった中、2022年2月のロシアによるウクライナ侵攻により、2022年度のエネルギー資源は世界的に暴騰し、国内の電気代も急激に上昇した。このような電気代上昇局面では、オンサイトPPAにより長期で電気代を固定できる点はメリットになっている。

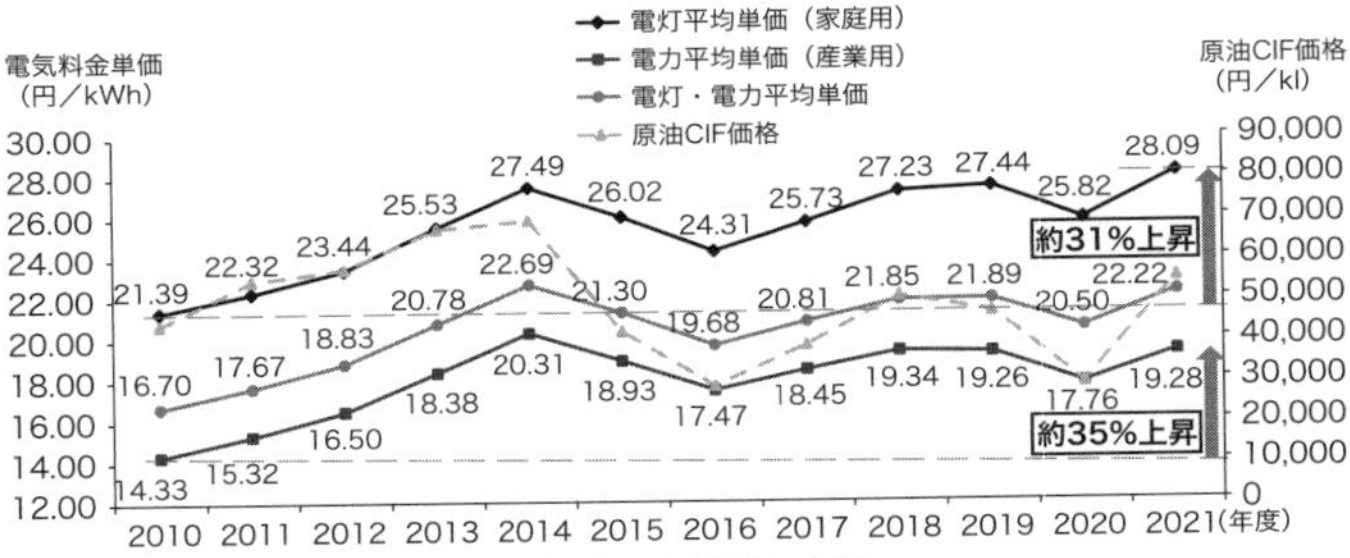

図 3・2　東日本大震災前から電気代は3割以上上昇
（出典：第 52 回総合資源エネルギー調査会　電力・ガス事業分科会　電力・ガス基本政策小委員会「資料 3-1」）

表 3・3　再エネによる地域課題解決などの提案（一部）

地域課題解決など	
鹿追町	畜産ふん尿の処理過程で得られるバイオガスを利用し、臭気対策や水質向上を図る。
大潟村	稲作もみ殻を活用したバイオマス熱利用により、もみ殻の周囲飛散防止や処理経費低減を図る。
淡路市	農業への獣害を及ぼすイノシシのすみかとなっている放置竹林を活用し、竹チップボイラを導入。
球磨村	2020 年 7 月豪雨からの復興のため、集合災害公営住宅などに自家消費型太陽光発電を設置。また、荒廃した農地などにソーラーシェアリングを導入することで農地再生や獣害防止を図る
6 自治体	公用車を EV 化し、地域住民などにカーシェアリングを提供
ブランディングによる企業誘致・観光振興	
石狩市	石狩湾新港に RE ゾーンを設定し、データセンターなどの産業集積・企業誘致を図る。
尼崎市	阪神タイガースのファーム施設などをゼロカーボンとするゼロカーボンベースボールパークを構想。
姫路市	世界遺産で国宝の姫路城をゼロカーボンキャッスルとすることで、観光地としても魅力・ブランド向上を目指す。
レジリエンス向上	
佐渡市・知名町	離島であるため、再エネ及びマイクログリッドなどによる停電回避
東松島市・球磨村	被災地の経験を踏まえ、再エネ及びマイクログリッドなどによる停電回避

どは、11自治体から提案されている。もともと既に他の国の支援事業などにより進展している計画を活用したものも多い。主に停電時にも電気供給が可能となるレジリエンス強化が目的にされているが、系統接続の課題に対応する目的の提案（梼原町）もあった。

水素関連の提案も8自治体からされているが、主に再エネ電力が余った場合に水素にするといった位置づけでの提案となっている。これは水素の経済性を踏まえてのことと考えられる。

3　地域課題解決や住民の暮らしの質向上

(1) 脱炭素で地域課題解決

脱炭素先行地域の選定要件では、脱炭素の取組に伴う地域課題の解決や住民の暮らしの質の向上が挙げられていることもあり、様々な地域課題の解決策が提案されている。特に、再エネ導入などにより、これまで域外流出していたエネルギー代金を地域にとどめる提案が多くみられた。

提案の一例を表3・3に示す。北海道鹿追町では、畜産ふん尿の処理過程で得られるバイオガスを利用して脱炭素化を進めるが、これらは臭気対策や水質向上につながる。大潟村では、稲作もみ殻を活用したバイオマス熱利用により、もみ殻の周囲飛散防止や処理経費低減を図る。また、兵庫県淡路市では、農業への獣害を及ぼすイノシシのすみかとなっている放置竹林を活用し、竹チップボイラを導入することで脱炭素と地域課題の同時解決を図る。熊本県球磨村では、2020年7月の豪雨からの復興のため、集合災害公営住宅などに自家消費型の太陽光発電を設置するとともに、荒廃した農地などにソーラーシェアリングを導入することで農地再生や獣害防止を図る。その他、公用車を電動化（EVなど）し、地域住民などにカーシェアリングを提供することで交通部門の脱炭素化と住民の利便性向上を図る提案も6自治体からなされた。これら、地域課題の解決や住民の暮らしの質の向上を伴う脱炭素事業の組成は、地域一丸となった実効性のある取組につながるため、今度の地域共生型再エネ導入拡大の鍵となる。

(2) 再エネで地域をブランディング

再エネで地域をブランディングして、企業誘致や観光振興につなげようという試みもみられた。北海道石狩市では、石狩湾新港にREゾーンを設定し、データセンターなどの産業集積・企業誘致を図る。兵庫県尼崎市では、阪神タイガースのファーム施設などをゼロカーボンとするゼロカーボンベースボールパークを構想して

表 3・4　脱炭素先行地域における自治体の連携先

連携先	自治体数	自治体と連携先
地域金融機関	11	東松島市（七十七銀行）、秋田県（秋田銀行、北都銀行）、大潟村（秋田銀行、秋田信用組合）、さいたま市（埼玉りそな銀行、武蔵野銀行）、川崎市（川崎信用金庫、横浜銀行）、佐渡市（第四北越銀行）、米原市（滋賀銀行）、米子市（山陰合同銀行）、真庭市（中国銀行）、西粟倉村（中国銀行）、梼原町（高知銀行）
地域大学	6	東松島市（東北大学）、大潟村（秋田県立大学）、さいたま市（埼玉大学、芝浦工業大学）、松本市（信州大学）、真庭市（岡山大学）、西粟倉村（岡山大学）
電力会社	4	石狩市（北海道電力）、さいたま市（東京電力パワーグリッド埼玉総支社）、佐渡市（東北電力ネットワーク）、姫路市（関西電力）
ガス会社	3	上士幌町（北海道ガス）、さいたま市（東京ガス埼玉支店）、佐渡市（佐渡ガス）

いる。また、兵庫県姫路市は、世界遺産で国宝の姫路城をゼロカーボンキャッスルとすることで、観光地としても魅力・ブランド向上を目指す。地域のシンボルや観光名所を再エネでブランディングすることにより、さらにその場所の価値を高めようとする取組となっている。

4　実施体制

(1) 自治体役所内部の推進体制

自治体役所内部の推進体制については、26自治体すべての提案で部署横断の推進体制（タスクフォース、プロジェクトチームなど）が提案されていた。自治体の脱炭素施策の実行にあたっては、部署間の連携が欠かせない。例えば、手の付けやすいとされる庁舎や学校施設に太陽光発電を設置する場合でさえ、施設管理部局、教育委員会、財務部局などそれぞれの部署に、建物の耐荷重や防水面といった安全性、電気代削減効果などを踏まえた経済性、なぜ今やる必要があるのかといった必要性について丁寧に説明して理解を得る必要がある。ましてや、脱炭素先行地域における多様な脱炭素事業は、地域課題解決と絡めて実施するもの、産業振興を目指すものといったように多様な分野が連携して実施ものも少なくないため、部署横断の推進体制は不可欠である。

(2) 自治体外部との連携体制

自治体外部との連携体制については、地域大学、地域金融機関、大手電力会社、地域ガス会社、地域商工会議所、地域交通事業者、地域観光協会など多様な地域主体との連携が提案された。脱炭素先行地域における自治体の連携先を表3・4に示す。

地域金融機関

最も多かった連携先は地域金融機関であった。11自治体が具体的な地域金融機関を明記している。脱炭素先行地域における事業の多くは、再エネ・蓄電池の導入などが中心となっており、地域金融機関は貸付などにより事業のファイナンス面で不可欠な存在となる。

また、地域金融機関においても地域脱炭素事業への関心は高まっている。2021年の銀行法改正により、銀行の業務範囲に「銀行業の経営資源を活用して営むデジタル化や地方創生など持続可能な社会の構築に資する業務」が追加された。また、事業会社への出資上限を原則5%(持ち株会社では15%)としてきた規制も緩まり、地域経済に寄与する非上場企業には100%出資が可能となった。これらを受け、例えば、米子市の共同提案者として脱炭素先行地域にも採択されている山陰合同銀行は、2022年7月に100%出資子会社として、再エネ電源開発と電力供給などを行う「ごうぎんエナジー㈱」を設立。銀行が再エネ開発などの100

表 3·5　提案における地域新電力の役割

選定自治体	地域新電力	地域新電力の役割
北海道上士幌町	かみしほろ電力（karch）	・町全域の民生需要家に対し再エネ電気（バイオガス、太陽光、卒 FIT）を供給
北海道鹿追町	新設予定	・公共施設への町内再エネ由来電気の供給
宮城県東松島市	東松島みらいとし機構	・再エネ電力の供給。出資する社を通じたオンサイト PPA・オフサイト PPA の実施
秋田県	新設予定	・再エネ電力の下水処理施設への供給、エネマネ
神奈川県川崎市	新設予定	・再エネ開発、再エネ電力供給、エネマネ
長野県松本市	新設予定	・再エネ電力の供給
兵庫県淡路市	ほくだん	・需要家屋根へのオンサイト PPA・蓄電池設置 ・休耕地、駐車場、ため池、住宅屋根への太陽光発電設置
鳥取県米子市	ローカルエナジー	・PPA 事業者を設立し、オンサイト PPA や荒廃した農地でのオフサイト PPA を実施 ・公共施設への再エネ電力の供給
島根県邑南町	おおなんきらりエネルギー	・公共施設、戸建て住宅、事業所へのオンサイト PPA・蓄電池設置 ・再エネ電力の供給
岡山県真庭市	新設予定	・再エネ電力供給。事業利益を活用した森林・環境への関心喚起
岡山県西粟倉村	新設予定	・PPA や VPP の実施。データプラットフォームによる電力一元管理と再エネ電力供給
高知県梼原町	新設予定	・卒 FIT、木質バイオマス余剰電力などをマネジメントし再エネ電力を供給
福岡県北九州市	北九州パワー	・オンサイト PPA
熊本県球磨村	球磨村森電力	・住宅・公共施設・民間施設に対するオンサイト PPA ・オフサイト PPA、蓄電池設置
鹿児島県知名町	新設予定	・オンサイト PPA、蓄電池導入

%子会社を設立したのは日本で初めてとなった。また、八十二銀行、常陽銀行も再エネ発電事業などを実施する会社設立を発表しており、地銀におけるこのような動きは広まる可能性がある（八十二銀行は100%出資子会社を設立、常陽銀行は投資子会社の100%出資で設立）。

地域新電力

自治体外部との連携体制で特に目立ったのが、地域新電力との連携である。地域新電力とは、地域の再生可能エネルギー電源を地域に供給する会社で、地域脱炭素や地域活性化の担い手として期待され全国で拡大している（自治体が出資や協定を結ぶ社だけで約80社[※3]）。

26の脱炭素先行地域で、地域新電力との連携を提案した自治体は15自治体にのぼる。脱炭素事業の実行部隊となる地域新電力が地域にあると、RE100電気供給、PPA、卒FIT買取、省エネ事業、地域課題解決事業など柔軟に選択できる手段が大幅に増える。提案における地域新電力の役割を整理した表3・5を見ると、各地域で多様な役割を地域新電力に期待していることがわかる。

地域新電力を提案した15自治体のうち、7自治体は既存の地域新電力との連携提案となっており、実績ある既存の地域新電力との連携は事業の実行性を高めると考えられる。さらに、これら地域新電力が地域人材で運営されている場合、ノウハウが地域に蓄積するとともに地域経済循環にもつながるメリットがある。

一方で、地域新電力を新設する提案も8自治体に上った。しかし、新設には注意が必要である。2022年には世界的なエネルギー資源高騰に伴い、日本の卸電力市場や各種相対電源価格が高騰した。2023年に入ってから落ちつきを取り戻したものの（4月末時点）市場環境は厳しくなっており、電源確保やリスクヘッジがないままの地域新電力設立及び事業開始は難しい状況である。電源確保、料金設計の工夫、スモールスタートにするなど事業戦略の熟考が求められる状況である。

自治体間連携

北九州市と近隣17自治体が連携し、公共施設群にオンサイトPPAによる自家消費型太陽光発電、EV、蓄電池、省エネ機器を導入していく提案が採択されている。この北九州市などの提案は、総務省の進める連携中枢都市圏構想[注2]における「北九州都市圏域」をもとにした提案となっている。このほか、鳥取県米子市と境港市が、鹿児島知名町と同県和泊町が共同提案して採択されている。また、広域自治体と基礎自治体との共同提案では秋田県か秋田市と新潟県佐渡市か新潟県と滋賀県米原市か滋賀県と共同提案し採択されている。
都道府県、指定都市、中核市及び施行時特例市が義務付けられている地球温暖化対策の推進に関する法律に基づく地方公共団体実行計画（区域施策編）においても複数自治体による共同策定が可能となっている。これは、他の自治体との広域的な協調・連携を通じて、取組の高度化・効率化・多様化を図ることが期待されているためである。[※4]
前述の連携中枢都市圏以外にも廃棄物処理や上下水道などにおいても自治体の広域連携などは行われており、これら既存の自治体連携の枠組みを活用した地域脱炭素の取組が広まることが期待される。

5 自治体人口規模別の脱炭素事業内容の傾向

脱炭素先行地域における脱炭素事業の内容の傾向を自治体人口規模別に整理した。[※5]

（1） 人口大規模自治体

26選定自治体のうち、人口上位5自治体（横浜市、名古屋市、川崎市、さいたま市、北九州市）においては、多数の公共施設に対する大規模な取組が目を引く。北九州市は3600、川崎市は1067、さいたま市は590の公共施設に対し、脱炭素事業を展開する（主に太陽光発電設置）。大規模自治体は、数多くの公共施設を所有しており、これらの脱炭素化はインパクトが大きい。

さいたま市は、市街地が多く屋根上設置太陽光発電以外の再エネポテンシャルが小さいといった都市型自治体の特徴を反映し、市外のフロート太陽光発電からの電気を調達するオフサイトPPAを提案している。横浜市も再エネに関する連携協定を締結した東北13市町村などからの再エネ調達を組み入れている。このように都市型自治体においては、他地域連携での再エネ調達の動きが始まっている。このような他地域連携での都市の再エネ調達には留意点もある。再エネ電力を調達する都市が、いかに再エネ開発地域の発展に貢献できるかという点である。この点は横浜市も重視しており、前述の東北13市町村連携の中で、調達した電気代の一部を地域活性化資金として、再エネ立地自治体の地域活性化に活用する実証を行っている。

海外事例では、コペンハーゲンの都市公社であるHOFORが、風力発電のポテンシャルの高いロラン島における風力発電開発に際し、雇用の創出をはじめ、バイオマス、食料、エコツーリズムなど地域活性化に資する幅広い協定をロラン市と締結した。開発地域との関係を強め、再エネ開発を開発地域の発展につなげる目的である。他の地域の再エネを調達し、自身のゼロカーボン化に活用する本スキームは、ともすると都市の再エネ電気をつくるための迷惑施設を地方に押し付けているという批判につながりかねない。都市向けに開発される再エネによって開発地域に経済効果をはじめとしたメリットがどれだけ出るのかがしっかり共有され、両者がともに発展していくことが重要である。

人口上位5自治体のうち4自治体（横浜市、名古屋市、川崎市、さいたま市）で、自治体が所有する廃棄物発電からの電気を公共施設で利用する取組が提案されている（自己託送、地域新電力を活用する2つのパターンがある）。中小規模自治体における廃棄物処理施設では、施設制約から発電まで行われない（または発電は

pick up

地域新電力の検討が相次ぐが、市場環境は厳しい

ゼロカーボン宣言した自治体などで、地域脱炭素の担い手として地域新電力設立を検討する動きが相次いでいる。一方で、前述のとおり、地域新電力を含む新電力全体の市場環境はとても厳しくなっている。㈱帝国データバンク「新電力会社」事業撤退動向調査（2023年3月）によると、2023年3月24日時点で、2021年4月時点の新電力706社のうち、26社が倒産・廃業、57社が撤退、112社が契約停止（新規申込受付停止含む）となっている。

このような状況のため、自治体が持っている廃棄物発電を電源として確保するなど地域新電力新設には入念な準備が必要である。

市場環境は厳しいが、地域脱炭素を地域発展につなげていくためには、地域脱炭素の担い手づくりが極めて重要であることには変わりない。まずはオンサイトPPAや省エネ事業から始める、それだけだと雇用できるだけの収益を生まない場合には、他のまちづくり事業（ふるさと納税業務や公共施設管理など）と併せて実施するなど工夫することで、地域の担い手づくりが止まらないようにしたい。

しても自家消費で使われ余剰電力が出ない）場合も多いが、大規模自治体や広域処理をする施設においては、廃棄物発電の余剰電力が一定量確保できる。廃棄物発電からの電気は通常、FIT電気（バイオマス分）と非FIT電気（プラスチックなどの分）が混じるが、後者は排出係数が0として計上され、都市型自治体における地域脱炭素の有効な手段となる。

(2) 人口小規模自治体

26選定自治体のうち、人口下位5自治体（岡山県西粟倉村、秋田県大潟村、熊本県球磨村、高知県梼原町、北海道上士幌町）においては、地域資源を活用したバイオマス発電・熱利用の提案が目立った。上士幌町と鹿追町では、家畜ふん尿を活用したバイオガス発電が、西粟倉村や梼原町では既存木質バイオマス発電の活用が提案されている。球磨村では、地域課題の同時解決として、荒廃農地へのソーラーシェアリング導入が提案されている。

また、これら人口下位5自治体のうち4自治体（西粟倉村、球磨村、梼原町、上士幌町）で、既存の地域新電力との連携または地域新電力新設の提案がなされている。また、残る大潟村においても、発電事業を行う地域エネルギー会社の施設が提案されている。

大規模自治体と異なり、中小規模自治体においては、地域に脱炭素の知見を有する事業者は多くない（または、いない）。自治体は、地域新電力や地域エネルギー会社を設立し、地域脱炭素の担い手（実行主体）・相談相手としたいとの目的が見て取れる。[注3]

3・2 脱炭素先行地域に選定された自治体の特徴

脱炭素先行地域の第1回募集では、102自治体79件の提案から26自治体が厳選して選定されている。1700を超える自治体のうち、これら26自治体はその名称どおり脱炭素に先行している自治体と言える。これら自治体はどのようにして地域脱炭素を先頭に立って取り組むことができているのか、筆者らが実施したアンケート調査などから見えてきた要因を紹介する。

1 脱炭素は部署横断

自治体の脱炭素先行地域の実施を担当する所管部署（課室レベル）を調査した結果、次のとおりとなった。[注4]

①「環境系部署」：8自治体
②「企画・まちづくり系部署」：7自治体
③「エネルギー・脱炭素系部署」：6自治体（回答数21）

自治体の温暖化対策（地域脱炭素政策）については、伝統的に環境部署が担うことが多い。また、小規模自治体で環境部署がない場合は総務課や企画課が担うこともある。その一方、環境部署が庁内にあるにも関わら

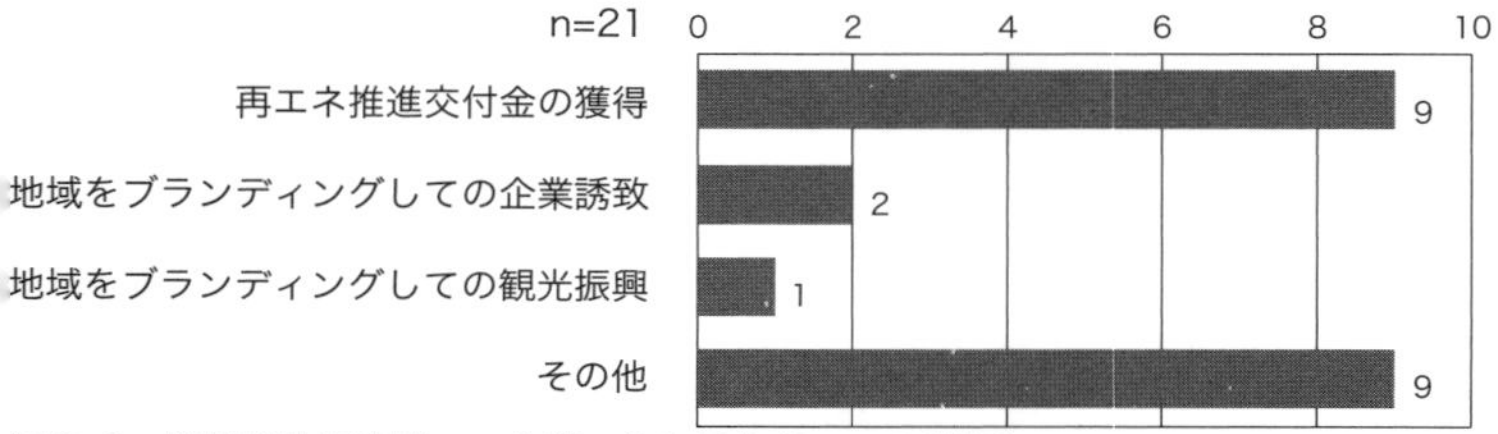

図 3・3　脱炭素先行地域への応募の主な目的（1つのみ選択）

ず、脱炭素を企画・まちづくり系の部署に担当させているケースも多く見受けられた。これは、脱炭素がまちづくりや産業振興などと密接に関係しているためと考えられる。

また、近年、自治体の部署名に、エネルギー、ゼロカーボン、脱炭素を付けた専門部署（③「エネルギー・脱炭素系部署」に該当）も創設されるようになってきている。脱炭素先行地域においても応募時点で6自治体が、これらの部署から提案されている。

2　応募の目的は再エネ推進交付金や地域ブランディング

脱炭素先行地域へ応募した目的を調査した。調査結果は、脱炭素先行地域に遷移されると交付される「再エネ推進交付金の獲得」の回答が突出した（9自治体、図3・3）。

一方で、「その他」が9自治体あり、それらの内容を詳しく見ると、「防災機能強化」「地域振興」「ローカルSDGs推進」「地域ブランディングしての賑わい創出」「地区の価値や魅力向上」などの回答となっていた。選択肢の「地域をブランディングしての観光振興」「地域をブランディングしての企業誘致」と合わせて、地域

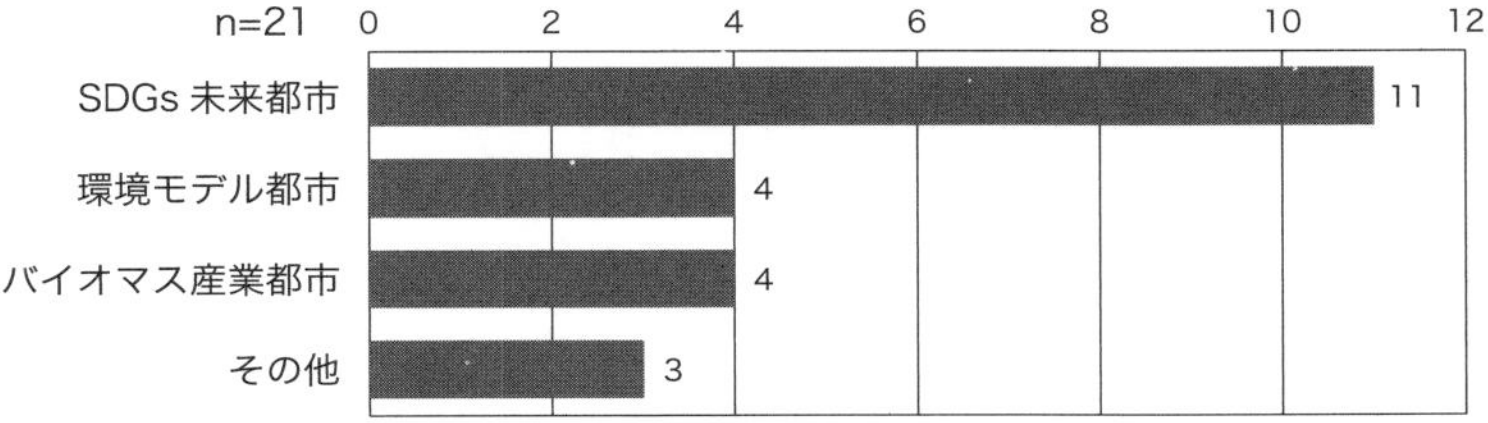

図3・4　脱炭素先行地域以外のこれまでの選定・受賞歴（複数回答可）

ブランディング関係は合計で5自治体となる。脱炭素先行地域への応募は、主に再エネ推進交付金獲得や地域ブランディングを目的に行われていると言える。

3　どのような自治体が採択されているか

(1) 他の選定・表彰も受けており、知見・ノウハウ蓄積がある

脱炭素先行地域以外で、これまで政府から選定・表彰などされているかについて調査した。その結果、SDGs未来都市11自治体、環境モデル都市4自治体、バイオマス産業都市4自治体、その他3自治体であった（図3・4）。回答21自治体のうち15自治体がSDGs未来都市などの選定・表彰を受けていた。また、2つ以上の選定・表彰を受けている自治体も5つあった。これらの自治体は、これまでも環境面・脱炭素面で先進的な取組を続けてきたと言え、こうした知見・ノウハウの組織的な蓄積が脱炭素先行地域選定に結びついていると考えられる。

(2) 国や都道府県の支援事業を活用してノウハウを蓄積している

国または都道府県の支援事業の活用履歴について調査した。2019～2021

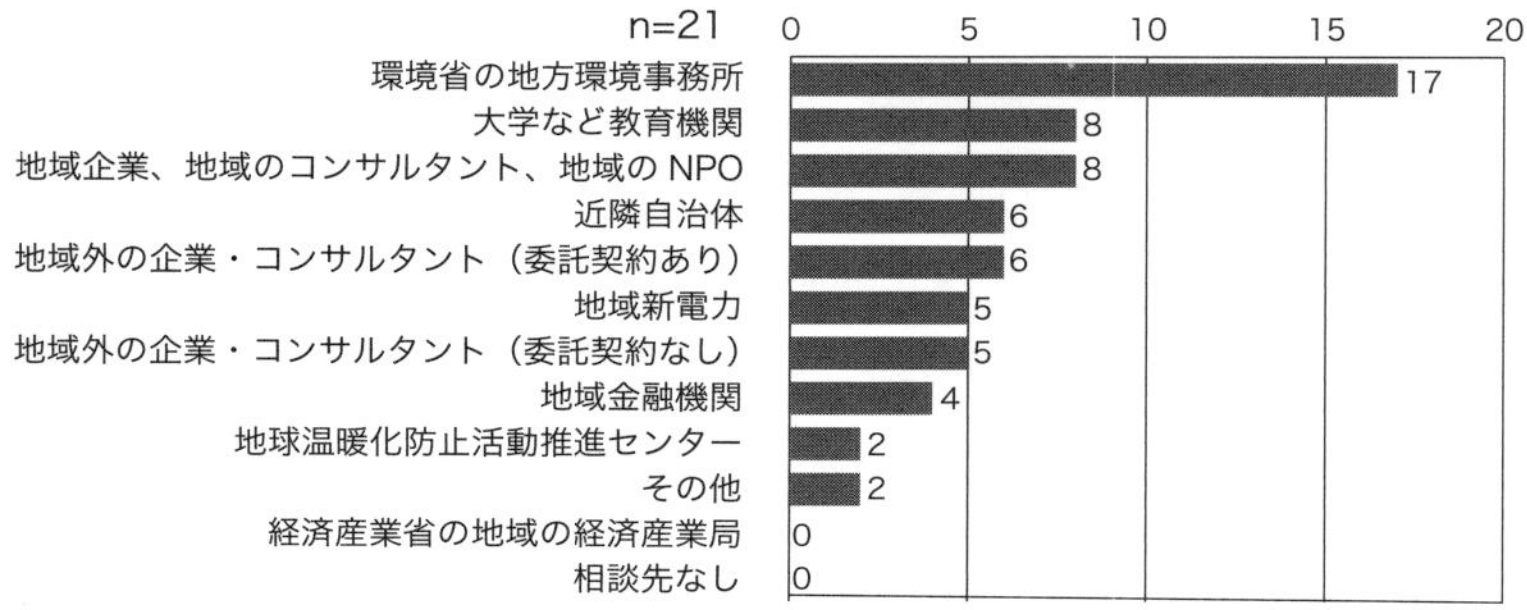

図3・5　脱炭素に関する定期的な相談先（複数回答可）

年度の間、脱炭素関係で国または都道府県の支援事業を活用し、調査事業や設備導入を行った選定自治体は、回答21自治体のうち16自治体に上った。また、活用のなかった5自治体のうち2自治体は自主財源での調査事業を実施している。

　こうした調査、設備導入の支援を受けながら、脱炭素関連の知見・ノウハウが蓄積し、脱炭素先行地域選定に結びついていると考えられる。

(3) 脱炭素に関する定期的な相談先がある

　選定自治体の脱炭素に関する定期的な相談先については、環境省の地方環境事務所との回答（17自治体）が突出した（図3・5）。環境省においては、地域脱炭素の支援体制を強化するため、2022年4月から各地方環境事務所に新たに地域脱炭素創生室を設置するとともに、自治体・民間からの出向者を含め約70人の職員を順次配置することとしており、これら地方環境事務所が自治体の相談先を担っている。

　また、大学などの教育機関、地域企業・地域のコンサルタント・地域のNPOが続いた。大学などの教育機関については、前述の表3・4（77頁）から地域の大学などと想定され、地域内の大学や地域企業と定期的な相談を行っている様子が伺える。

また、「相談先なし」は0であった。各選定自治体は、脱炭素の各種検討などに定期的な相談先を有し、継続的に脱炭素関係の情報収集を行っていることがわかる。

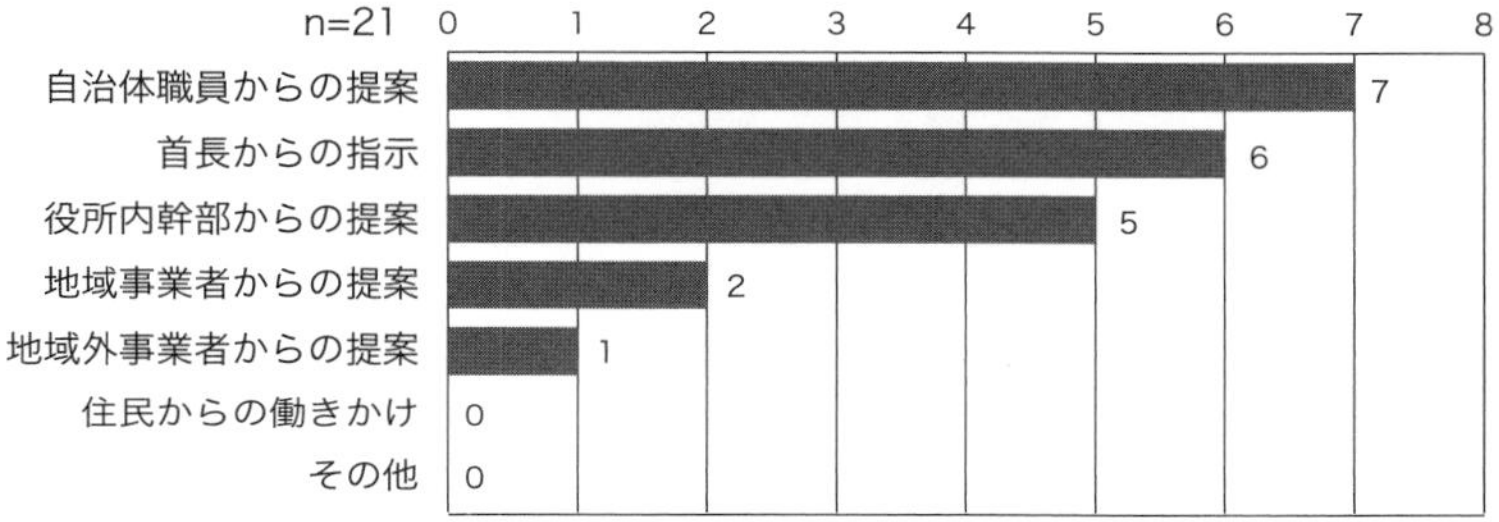

図3・6 応募の主なきっかけ（1つのみ選択）

4 どのような経緯で応募されたか、誰が担ったか

(1) 応募のきっかけは自治体内部、具体的な取組事業は事業者連携で決定

選定自治体の脱炭素先行地域への応募の最初のきっかけについて調査した。回答の多かった順に、自治体職員（課長補佐、係長、係員）からの提案（7自治体）、首長からの指示（6自治体）、役所内幹部（副市長、部課長など）からの提案（5自治体）となった（図3・6）。地域事業者からの提案（2自治体）や地域外事業者からの提案（1自治体）と続いたが少数に留まり、自治体内部からのきっかけが多くを占めた。[注5]

また、脱炭素先行地域の具体的な取組事業の決まり方については、回答の多かった順に、自治体職員（課長補佐、係長、係員）からの提案（7自治体）、

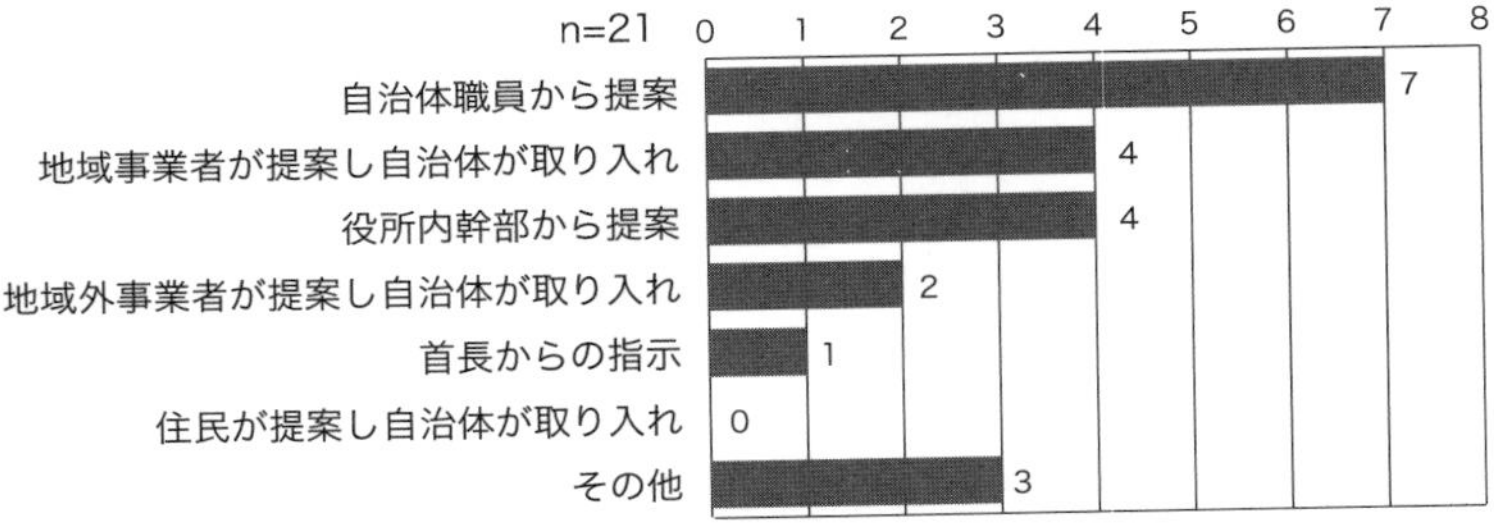

図3・7　脱炭素先行地域の具体的な取組事業の決まり方（1つのみ選択）

役所内幹部（副市長、部課長など）からの提案（4自治体）が続き、具体的な取組事業の決まり方についても自治体内部からの提案が多くを占める結果となった（図3・7）。

また、応募の最初のきっかけが役所内（「首長からの指示」「役所内幹部からの提案」または「自治体職員からの提案」）であった選定自治体は合計18だが、具体的な取組事業の決まり方も役所内（「首長からの指示」「役所内幹部からの提案」または「自治体職員からの提案」）となったのは12自治体に留まった。「その他」の内容（「自治体＋連携企業」「地元住民との意見交換」「既に地域脱炭素に向け官民連携で検討を進めていた取組を取り入れ」）を踏まえると、残り6自治体は具体的な取組事業を地域事業者などと相談しながら進めていることがわかる。

なお、応募の最初のきっかけが「地域事業者からの提案」だった2自治体は、具体的な取組事業の決まり方も「地域事業者が提案し、自治体が取り入れ」となっており、応募の最初のきっかけが「地域外事業者からの提案」だった1自治体も「地域外事業者が提案し、自治体が取り入れ」となっていた。これら3自治体は、事業者主導で進んでいたことがわかる。

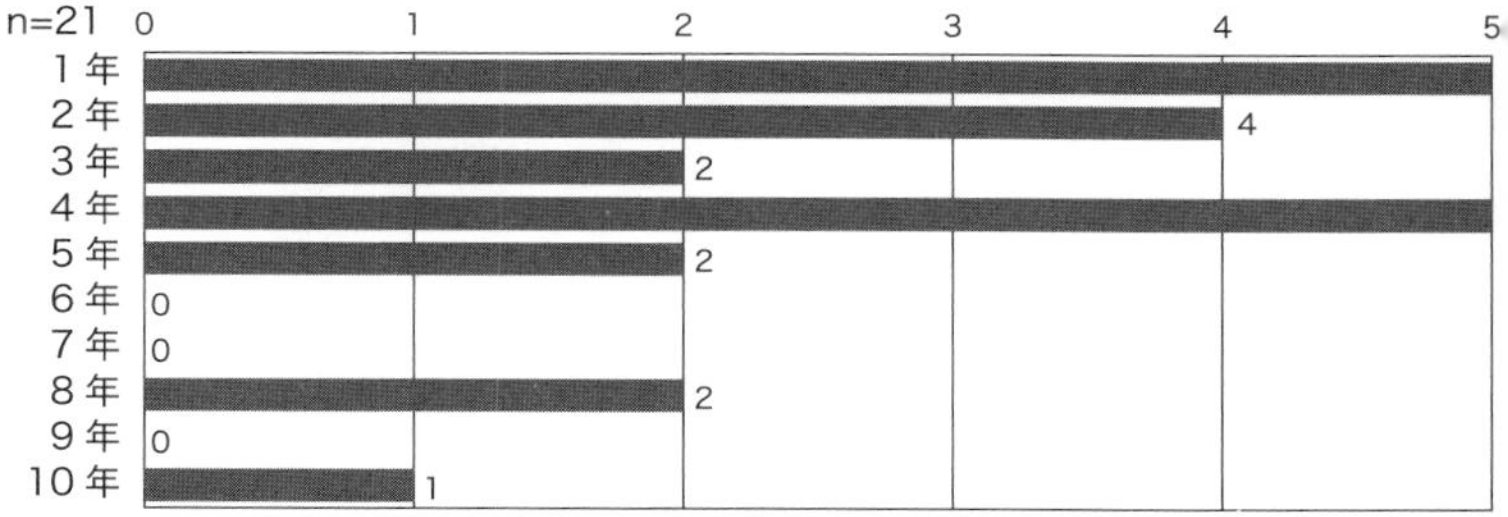

図3・8　応募の中心となった自治体職員の脱炭素関連部署通算在籍年数

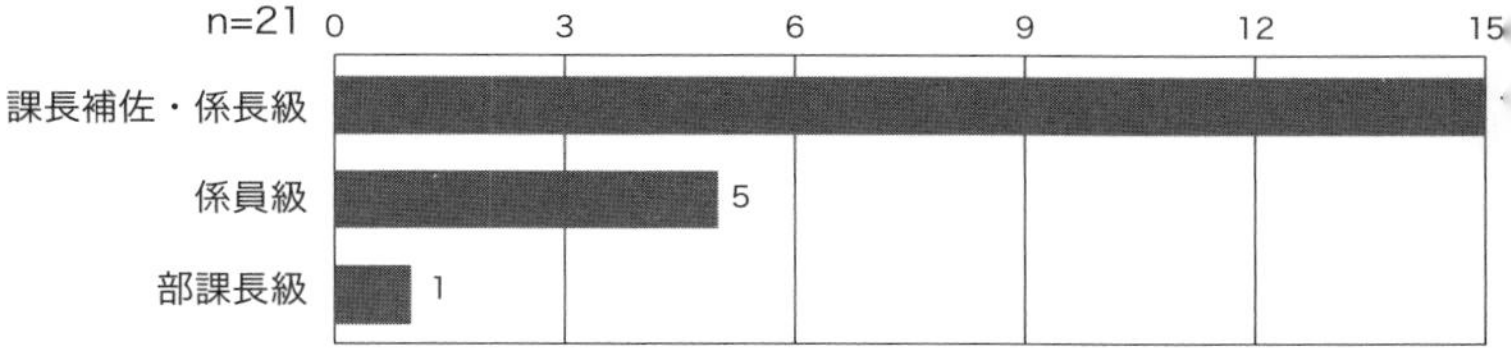

図3・9　応募の中心となった自治体職員の役職

（2）応募の中心となった自治体職員の在籍年数は「長め」

脱炭素先行地域の応募の中心となった自治体職員の脱炭素関連部署の通算在籍年数[注6]及び当該職員の役職を調査した。

調査の結果、中心となった自治体職員の脱炭素関連部署通算在籍年数は、4年以上が10自治体と約半数となり、中には8年（2自治体）、10年（1自治体）との回答もあった（図3・8）。自治体職員の異動頻度は一般的に3年程度ごとであるため、中心となった職員の在籍年数は長めと言える。

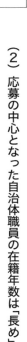

脱炭素先行地域の応募には、様々な脱炭素関連の知見が必要となるため、一定の脱炭素部署経験を有する職員が中心を担っていることがわかる。

また、中心となった職員の役職については、「課長補佐・係長級」が15自治体、「係員級」が5自治体、「部課長級」が1自治体であった（図3・9）。脱炭素先行地域の応募においては、自治体内外の多様なステークフォルダーとの合意形成など行政ノウハウや地道な実務の積み重ねが必要になるため、行政実務の中心を担う課長補佐・係長級が中心となることが多いと考えられる。

5 採択を獲得できる職員の在籍年数は「長い」

ここで、図3・6「応募のきっかけ」と図3・8「中心となった自治体職員の脱炭素関連部署通算在籍年数」をクロス集計した。

応募の最初の主なきっかけが「自治体職員からの提案」であった7自治体における「中心となった自治体職員の脱炭素関連部署通算在籍年数」は平均4.4年であった。また、当該7自治体のうち、5自治体の中心職員通算在籍年数が4年以上であった。脱炭素先行地域へ主体的に応募を提案する自治体職員の脱炭素関係部署の在籍年数は長めであることがわかった。

脱炭素事業は、各種のエネルギー政策・制度の変更などを把握しながら対応する必要があり、専門性が高くなりがちである。また、脱炭素政策は、役所内外の関係者とネットワークを形成し合意形成していくことが不可欠である。脱炭素先行地域選定の中心となった自治体職員からは「1、2年ではなかなかここまでできない、在籍4年を通じた集大成によりできた」という声も聞かれた。一定の専門性を持ち、関係者とネットワークを構築しながら脱炭素事業の合意形成をしていくには、一定の業務経験（在籍年数）が必要になると考えられる。

地域脱炭素を前に進めるため、脱炭素先行地域へ意欲を持って提案し、採択を勝ち取るような職員を育てる

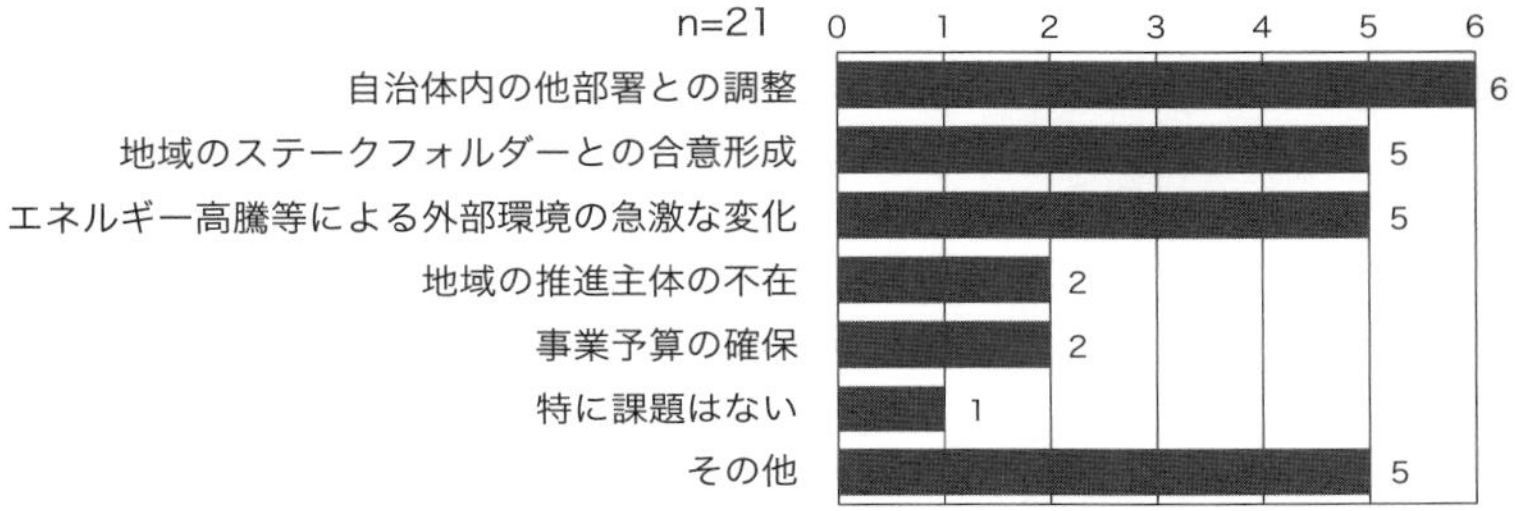

図3・10　事業実施に向け感じている課題

には、そのポストの特性を踏まえ、異動スパンを柔軟に設定することも求められる。

6　事業実施に向けた課題

脱炭素先行地域選定後、事業実施に向け課題に感じていることを調査した。1つを選択する設問だが、複数の自治体が複数項目を回答している（図3・10）。「特に課題はない」は1自治体に留まり、各自治体から多様な課題が回答された。「自治体内の脱炭素先行地域を提案した部署以外との調整」が6自治体と最も多く、「地域のステークホルダー（土地・建物所有者・エネルギー需要家など）との合意形成」（5自治体）が続いた。どちらも自治体職員が主体的な役割を担う事項である。また、「世界的なエネルギー高騰などによる外部環境の急激な変化」（5自治体）については、地域新電力の新設などを想定している自治体の課題と想定される。

その他（5自治体）の内容として、3自治体から役所内の人員不足が挙げられた。地域内外のステークフォルダーとの連携により、できるだけ自治体職員に過大な負担が発生しない効果的な事業実施が求められる。

本章では26の脱炭素先行地域における具体的な取組や実施体制を整理するとともに、選定された自治体について応募経緯や連携先などを調査し、脱炭素を推し進めることのできる自治体の特徴を紹介した。脱炭素先行地域の自治体は、①過去にSDGs未来都市などにも選定されている傾向がある、②国や県の支援を受けて調査などを実施している傾向がある、③定期的な相談先（特に環境省の地方環境事務所）を確保していることなどがわかった。これらを通じて、組織的に脱炭素の知見・ノウハウが蓄積され、先進的な脱炭素の取組実施が可能となっている。

また、脱炭素先行地域への応募のきっかけが自治体職員の提案である場合、当該職員の脱炭素関連部署の在籍年数が長い傾向があった。地域脱炭素政策は一定の専門性と関係者のネットワーク構築が欠かせないため、そのポストの特性を踏まえ自治体職員の異動スパンを柔軟に設定することが求められるためである。

言わずもがな地域脱炭素の推進における自治体の役割は重要である。自治体において組織的に地域脱炭素の知見・ノウハウが蓄積され、地域発展につながる脱炭素事業が拡大することを強く願う。

注釈

注1　2022年10月1日時点で鹿追町、名古屋市、淡路市の3自治体は詳細な計画提案書（環境省、2022d）が公開されていないため、同3自治体の脱炭素先行地域の内容については、環境省（2022c）の内容のみにより記載した。

注2　中心都市が近隣の市町村と連携し、コンパクト化とネットワーク化により、人口減少・少子高齢社会にあっても、一定の圏域人口を有し活力ある社会経済を維持するための拠点を形成する政策。

注3　2014～2018年度の総務省「分散型エネルギーインフラプロジェクト」において採択された46事業を対象に自治体主導の地域エネルギー事業を調査した研究では、その成功要因について、①担当部署が重要な施策として意欲的に取り組んだこと（10件）、②行政計画の中に事業が位置付けられていること、もしくはその予定があること（9件）、③地域内にエネルギー事業を推進できる有力な地元企業が存在したこと（9件）、④首長の強いリーダーシップ（7件）、⑤庁内推進体制があったこと（5件）としており、地域内に事業推進できる有力な地元企業の存在を成功要因の一つに挙げている（出典：青山光彦「自治体主導の地域エネルギー事業の事業化要因分析及び展開・普及に向けた政策研究」『国際公共経済研究』第32号、85～98頁、2021年）。

注4　②と③両方に該当する場合には③に振り分けた。

注5　「地域事業者」は、自治体内または隣接自治体内または同じ都道府県に本社がある事業者とし、「地域外事業者」は、「地域事業者」以外と定義して実施した。

注6　脱炭素先行地域応募時点での通算年数とし、1年未満は四捨五入することとした。例えば、職員Aが再エネ推進担当2年→福祉関係3年→省エネ担当2年の場合、通算年数は4年となる。

参考文献

※1　環境省ウェブサイト「第1回　脱炭素先行地域の概要」https://policies. env. go. jp/policy/roadmap/assets/preceding-region/boshu-01/1st-DSC-gaiyo. pdf（2022年7月9日アクセス）

※2　環境省ウェブサイト「脱炭素先行地域（第1回）選定地方公共団体計画提案書」https://www. env. go. jp/policy/roadmapcontents/（2022年10月1日アクセス）

※3　稲垣憲治『地域新電力―脱炭素で稼ぐまちをつくる方法』学芸出版社、2022年

※4　環境省　地方公共団体実行計画（区域施策編）策定・実施マニュアル（本編、2022年3月版）

※5　自治体の人口は、総務省「2022年1月1日現在住民基本台帳に基づく人口、人口動態及び世帯数」https://www.

soumu. go. jp/main_sosiki/jichi_gyousei/daityo/jinkou_jinkoudoutai-setaisuu. html（2022年10月17日アクセス）

本稿の執筆にあたっては、公益財団法人鹿島学術振興財団及び公益財団法人高橋産業経済研究財団の研究助成にご支援いただきました。

第4章

地域の発展につなげるゼロカーボンシティ戦略

――脱炭素先行地域から

4・1 川崎市：産業都市における脱炭素アクション

川崎市環境局脱炭素戦略推進室 室長 井田 淳

1 川崎市の地球温暖化対策

川崎市の温室効果ガス排出量は2026万t（2020年度暫定値）であり、2013年度と比較して▲357万t（▲15％）と着実に減少しているが、政令指定都市の中で最も多い。本市の排出量が多い要因は、図4・1のCO_2排出量の部門別構成比を見るとよくわかる。本市では、産業系（産業部門・工業プロセス部門・エネルギー転換部門）から排出されるCO_2が全体の約76％を占め、全国平均の約47％を大幅に上回っている。これは、本市臨海部に京浜工業地帯を有するという地域特性を反映している。本市臨海部は、石油化学コンビナートを中心とした全国有数の産業集積地であり、エネルギーや製品の素材・原料を、首都圏をはじめ広域に供給する役割を担っており、市民生活や産業活動にとって、重要なエリアとなっている。その一方で、現状、製造プロセスにおいて、多くの化石資源を利用していることから、多量の温室効果ガスを排出している実態が

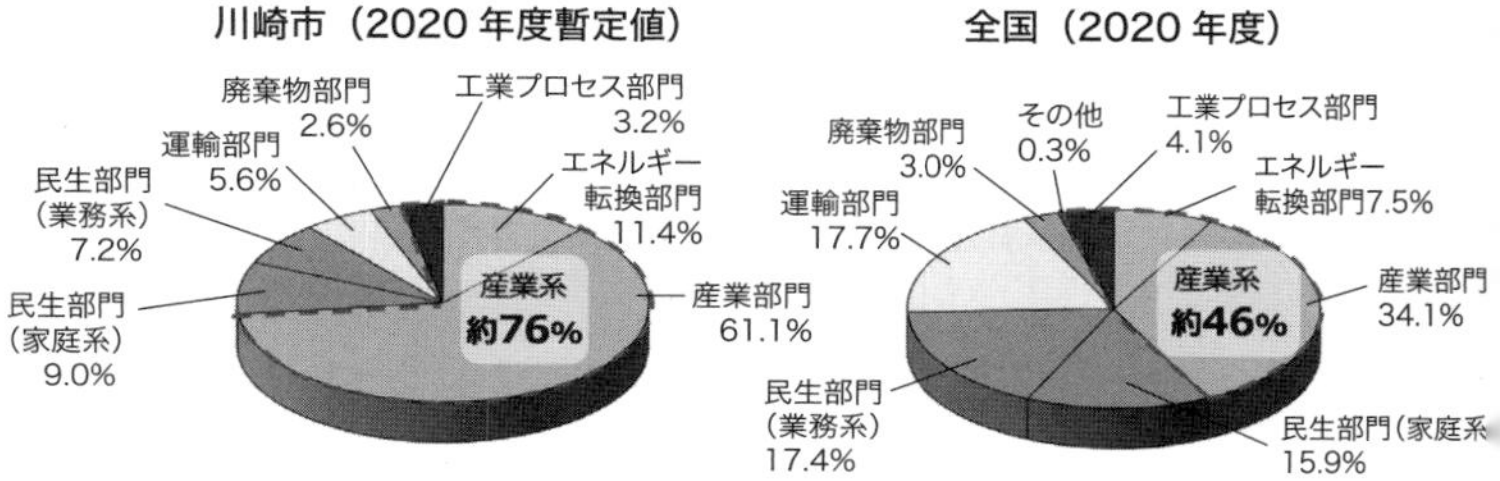

図 4·1　二酸化炭素排出量の部門別構成比の比較

ある。つまり、これまで化石資源を大量に利用することで発展してきたが、グローバルに脱炭素の取組が加速化する中で、引き続き、産業競争力を保つためには、カーボンニュートラルに適応した新たなコンビナートへと大きく転換していく必要がある。

本市の人口は、約154万人（2023年4月現在）であるが、今後も増加が見込まれており、ピークを迎える2030年には、約160万人になると推計されている。このことは、民生部門の活動量が今後も増加することを意味し、現行のライフスタイルやワークスタイルを継続した場合、民生部門から排出される温室効果ガスが増加し続けることを意味する。つまり、持続可能なまちづくりのためには、市民・事業者などに行動変容を促し、脱炭素社会にふさわしいライフスタイルやワークスタイルへの転換を図る必要がある。

こうした課題認識を受け、本市が気候変動の脅威に立ち向かい、脱炭素社会の実現に向けて取組を進めることは責務であるという強い覚悟のもと、2022年に川崎市地球温暖化対策推進基本計画を改定した（図4・2）。計画では、2050年の目指すべきゴールとして、市域の温室効果ガス排出量の実質ゼロを掲げ、エネルギー、市民生活、交通環境、産業活動など様々な視点で2050年のビジョンを明確化するとともに、2030年の温室効果ガス削減目標を

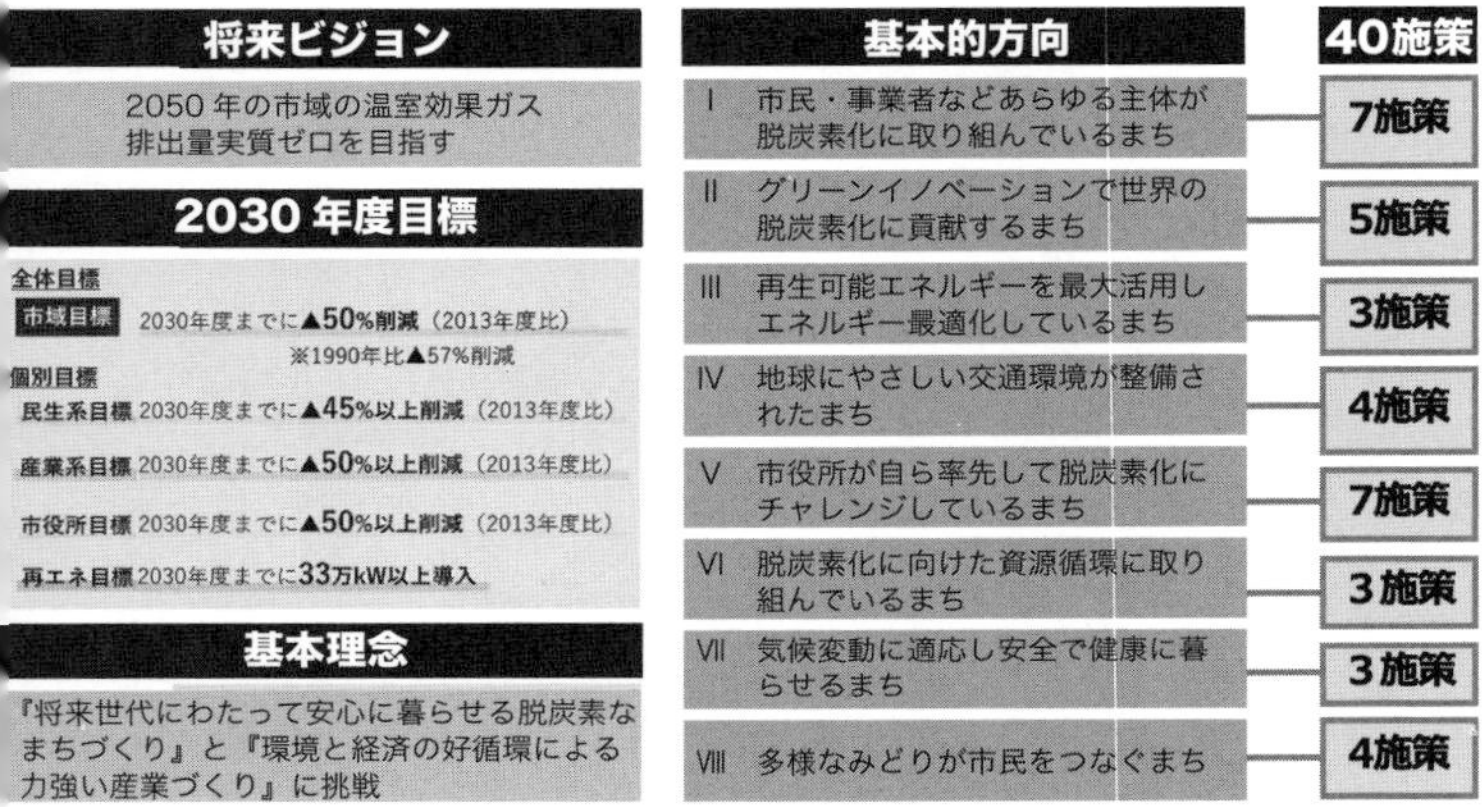
将来ビジョン
2050 年の市域の温室効果ガス排出量実質ゼロを目指す
2030 年度目標
全体目標
市域目標　2030年度までに▲50%削減（2013年度比）
※1990年比▲57%削減
個別目標
民生系目標 2030年度までに▲45%以上削減（2013年度比）
産業系目標 2030年度までに▲50%以上削減（2013年度比）
市役所目標 2030年度までに▲50%以上削減（2013年度比）
再エネ目標 2030年度までに33万kW以上導入
基本理念
『将来世代にわたって安心に暮らせる脱炭素なまちづくり』と『環境と経済の好循環による力強い産業づくり』に挑戦
基本的方向
40施策
Ⅰ　市民・事業者などあらゆる主体が脱炭素化に取り組んでいるまち
7施策
Ⅱ　グリーンイノベーションで世界の脱炭素化に貢献するまち
5施策
Ⅲ　再生可能エネルギーを最大活用しエネルギー最適化しているまち
3施策
Ⅳ　地球にやさしい交通環境が整備されたまち
4施策
Ⅴ　市役所が自ら率先して脱炭素化にチャレンジしているまち
7施策
Ⅵ　脱炭素化に向けた資源循環に取り組んでいるまち
3施策
Ⅶ　気候変動に適応し安全で健康に暮らせるまち
3施策
Ⅷ　多様なみどりが市民をつなぐまち
4施策

図4・2　川崎市地球温暖化対策推進基本計画の施策体系

2013年度比で50％削減と設定した。

また、計画では基本理念をもとに8つの基本的方向を定め、その方向ごとに40の施策を体系化した。さらに、これら施策のうち、特に事業効果が高い事業を5大プロジェクトとして位置づけ、重点的に取組を推進していくこととした。具体的なプロジェクトとしては、地域エネルギー会社を中核とした新たな地域エネルギープラットフォームを設立するなど、市域の再エネ利用拡大を図る再エネプロジェクト、臨海部エリアのカーボンニュートラル化を目指すとともに、市内産業のグリーンイノベーションなどを推進する産業系プロジェクト、脱炭素先行地域づくりの取組などを推進する民生系プロジェクトなどが挙げられる。

2　脱炭素の取組を見える化する

前項のとおり、脱炭素化に向けて本市が取り組む領域は多岐にわたるが、ここからは本書の主題である脱炭素先行地域づくりについて取り上げる。脱炭素の取組はまちづくりと密接に関連することから、行政だけではなく、市民・事業者など地域のあらゆる主体の参加と協働があって、はじめて進めることができる。しかし、脱炭素という未知のゴールに向かって、各主体の積極的な取組を促すためには、実際にどのような取組が脱炭素につながるのか、イメージを共有することが重要であり、そのための「場」を設定することが有効である。このような課題認識のもと、特定エリアで脱炭素化の取組を集中的に展開し、市民や事業者の目に触れたり、体験したりする機会の創出、いわゆる脱炭素の取組の見える化を目指すこととした。本市ではこの特定エリアを脱炭素モデル地区と呼ぶこととし、先導的な取組や身近な取組の集積が持続的に見込まれ、さらに他地域への波及効果が期待されるエリアを選定することとした。また、脱炭素モデル地区では次に掲げる3つのような取組を想定しており、取組の実践を通じて、相乗効果を発揮させ、継続的な好循環を生み出すスパイラルアップを目指している。

①脱炭素化に向けた取組を集中的に展開することで、市民や事業者に脱炭素化の取組の効果や利便性を実感してもらう。

②市民・事業者の行動変容を促進し、環境配慮型のライフスタイル・ワークスタイルのムーブメントを創出する。

③環境に配慮した製品・サービスのニーズ拡大を促し、それに対応した技術開発などイノベーションが促進される。

3 脱炭素モデル地区「脱炭素アクションみぞのくち」

本市は2020年11月に2050年の温室効果ガス排出量実質ゼロを目指すことを掲げた脱炭素戦略「かわさきカーボンゼロチャレンジ2050」の策定と同時に、脱炭素モデル地区として、「脱炭素アクションみぞのくち」をスタートさせた。対象エリアである高津区溝口周辺地域は、東急田園都市線・大井町線溝の口駅、JR南武線武蔵溝ノ口駅を中心に、商店街や商業施設、業務ビル、工場のほか住宅などが集積する「交通要衝・地域生活拠点」という地域特性を有している。また、駅を中心に多くの人々が行き交うとともに、若者や子育て世代も多く居住しているという特徴もある。さらに、地球温暖化防止活動推進センターが普及啓発などの活動拠点を設けているとともに、鉄道事業者による水素などの環境技術を駅に導入する「エコステ」、商業施設における再生可能エネルギー導入、事業者による傘や自転車のシェアリングサービスの提供などにも取り組んでいる。溝口周辺地域は、これまでの取組をベースとして、市民・事業者の目に触れる取組を集中的に展開し、「見える化」を図るには適したエリアである。

さらに、2021年7月には、「脱炭素アクションみぞのくち」の目的に賛同し、モデル地区での脱炭素に向けた取組を行っている16の事業者や団体を会員とした「脱炭素アクションみぞのくち推進会議」を発足した。現在、事業者などと連携したワークショップや広報を行うとともに、取組の活性化のために市が創設した補助制度を活用して、会員が行動変容アプリの開発や資源循環のPR事業などを実施する予定となっており、こう

①川崎市高津区溝口周辺に所在する民間施設群（脱炭素アクションみぞのくちの一部）

（特徴）大都市の中心部の市街地・交通要衝
商店街・商業施設・オフィス・業務ビル・製造工場等が所在

⇒「脱炭素アクションみぞのくち推進会議」の会員企業において、民生部門の電力消費に伴うCO2排出実質ゼロに向けた取組を行う。

②川崎市役所の公共施設群（約1,000か所）

（特徴）民生業務部門で市域最大の温室効果ガス排出事業者

⇒市内の全公共施設において、 CO2排出実質ゼロに向けた取組や2030年度までに再エネ100%電力導入等を進める。

図４・３　川崎市における脱炭素先行地域としての取組

した取組により、事業拡大を図っている。また、会員が相互連携して取組を発信するイベント「脱炭素アクションみぞのくち広場」を開催するなど、事業者や団体と連携した取組を進めている。２０２３年４月現在で、44の事業者・団体が推進会議のメンバーとして活動をしており、取組がより活発化するよう、引き続き新規会員の募集とともに、事業を拡充していくこととしている。

4　脱炭素先行地域の取組と地域エネルギー会社の連携

本市は、脱炭素アクションみぞのくち推進会議、アマゾンジャパン合同会社と３者連名で、国の脱炭素先行地域に応募し、２０２２年４月に選定された。国に選定された地域は、「川崎市高津区溝口周辺地域における民間施設群」と「川崎市役所の公共施設群」である（図４・３）。

まず、「溝口周辺地域における民間施設群」であるが、同地区は既成市街地であり、脱炭素化の取組は容易ではない。しかし、先述したとおり、本地域が２０２０年11月から脱炭素モデル地区として取組を推進するとともに、脱炭素アクションみぞのくち推進会議という事業者・団体との協働連携体制が整っていることから同地域で取組を進めることにした。具体な内容としては、「脱炭素アクションみぞのくち推進会議」の会員事業者において、民生部門の電力消費に伴うCO_2排出実質ゼロに向けた取組を行うこととしており、具体的には、令和5年度に本市が過半出資して設立する予定の地域エネルギー会社との連携も視野に入れ、太陽光設備設置、再エネ100％電力導入、省エネ設備設置、エネルギーマネジメントなどを進める予定である。このほか、先行地域の取組を効果的に情報発信し、市民・事業者の関心を強く喚起させ、民生部門での取組拡大や他の地域への波及につなげていく予定である。

次に、「川崎市役所の公共施設群」であるが、市役所は市内で民生業務部門最大のCO_2排出事業者であり、市民や事業者に身近な公共施設の取組は、波及効果が見込めることから対象とした。市の取組としては、2030年度までに設置可能な公共施設の半数に太陽光発電設備を設置するとともに、すべての公共施設に再生可能エネルギー100％の電力導入及び照明のLED化を進めることとしている。

これらの取組の推進に当たっては、先述した地域エネルギー会社が大きな役割を担うことを想定している。地域エネルギー会社は、本市の廃棄物焼却処理施設で発電した電力を有効活用し、2023度に設立予定である。2023年度から稼働予定の橘処理センターの高い発電能力を活用し、他の処理センター（浮島処理センター及び王禅寺処理センター）と合わせて、年間約120Gwhの余剰電力を生み出す想定である。この電力に加えて、公募により選定された民間事業者などが調達した再生可能エネルギーを活用し、小売電気事業を展開するとともに、PPA事業による電源開発、エネルギーマネジメントを行うなど、市域の再エネ利用拡大が図れるような事業展開を予定している。脱炭素先行地域においては、特にエネルギーマネジメントの分野で、様々な事業者を面的につなぐ役割を果たし、市域のエネルギーの有効活用を図っていきたい。

5　プロジェクトの活性化に向けて

本市では、国からの脱炭素先行地域の選定を受けて、溝口周辺地域での脱炭素モデル地区の取組をさらに加速させる。国の交付金を活用して太陽光発電設備などハード整備を進めることに加えて、「脱炭素アクションみぞのくち」のプロジェクトをより活性化させていく。

プロジェクトを推進する上で重要なことは、ゴールを社会実装におくことと考えている。これを、地域を担う主体ごとに考えると、市民は利便性を享受し行動変容する、事業者は収益を上げ事業化する、行政は仕組みを構築し制度化する、という視点でプロジェクトを深化させることが必要であると考える。

また、個々のプロジェクトは、地域に求められること、地域の課題解決や発展につながるということが重要である。そのため、地域の課題解決・発展を目指す上では、市民や事業者の地域への思いを集約するとともに、地域資産を活用し、地域の特性に応じたアプローチで脱炭素の取組を進めることが必要である。本市では、脱炭素アクションみぞのくち推進会議という「場」を活用しているが、推進会議で活動を行うことのメリットは、個々の事業者・団体の先進的な取組を、地域という面で共有し、取組につなげていくことにあると考える。

本市では、まずは脱炭素モデル地区である溝口周辺地域において、プロジェクトの見える化、まだ活動に参画していない事業者・市民への見せる化から取組をスタートさせ、あわせて、市民の行動変容や事業者の投資

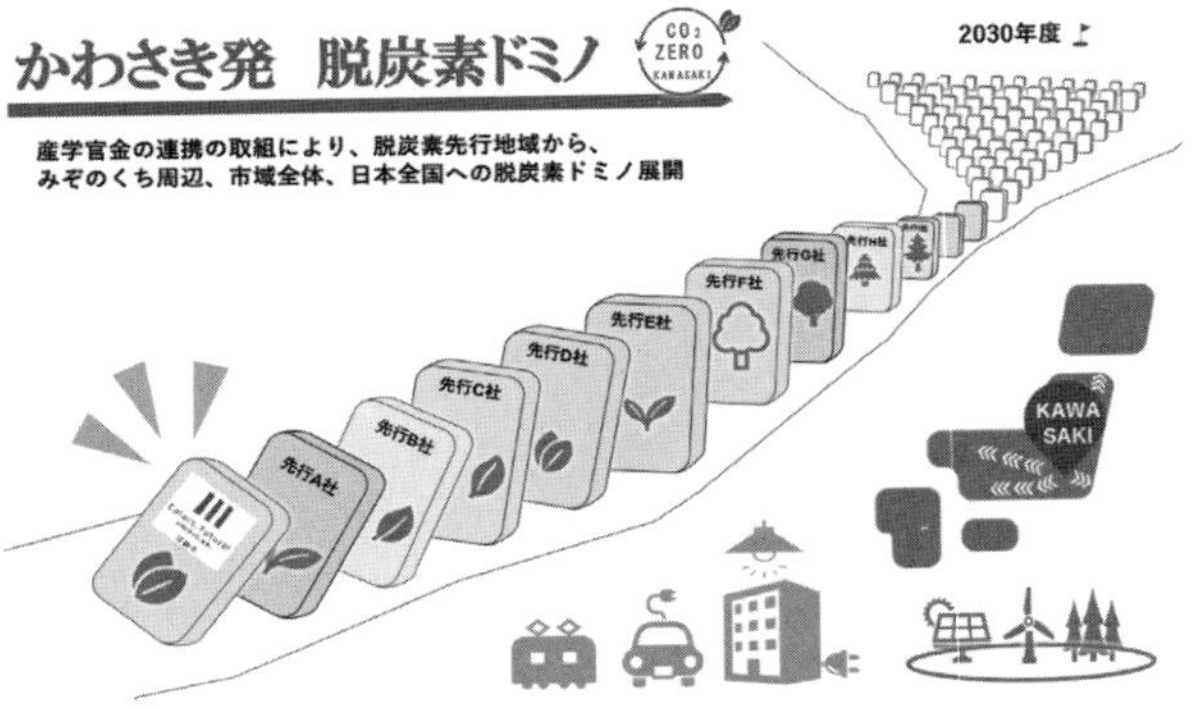

図4・4　かわさき発脱炭素ドミノのイメージ

などを促す仕組みの構築を進め、地域の脱炭素化とともに地域の課題解決・発展を目指していきたい。そして、図4・4のイメージのとおり、溝口周辺地域における脱炭素化と地域の発展が両立する姿をモデルとして示し、他地域へと波及できるよう先導的な役割を果たしていきたいと考えている。

4・2 さいたま市：公民学共創による地域エネルギーマネジメント

さいたま市都市戦略本部未来都市推進部 主査 神田 修
環境局環境共生部脱炭素社会推進課 係長 山﨑静一郎

1 公民学よるグリーン共創モデル

近年、気候変動による影響は頻発化・激甚化しており、脱炭素社会の実現は地域を超えて、あらゆる主体がともに取り組むべき喫緊の課題となっている。

さいたま市では、国の「2050年カーボンニュートラル」宣言に先駆け、2020年7月に、2050年までにCO_2排出実質ゼロ（ゼロカーボンシティ）を目指すことを表明した。その実現に向けては、2021年3月に「さいたま市地球温暖化対策実行計画」の改定を行い、さらには、「ゼロカーボンシティ推進戦略」を2022年3月に策定し、本市の2050年の目指すべき姿（温室効果ガス排出実質ゼロ）と2030年の目標及びその達成のために重点的・優先的に取り組む施策を位置づけ、各種取組を進めている。そうした中、2021年6月に開催された「国・地方脱炭素実現会議」において、「地域脱炭素ロードマップ」が公表され、

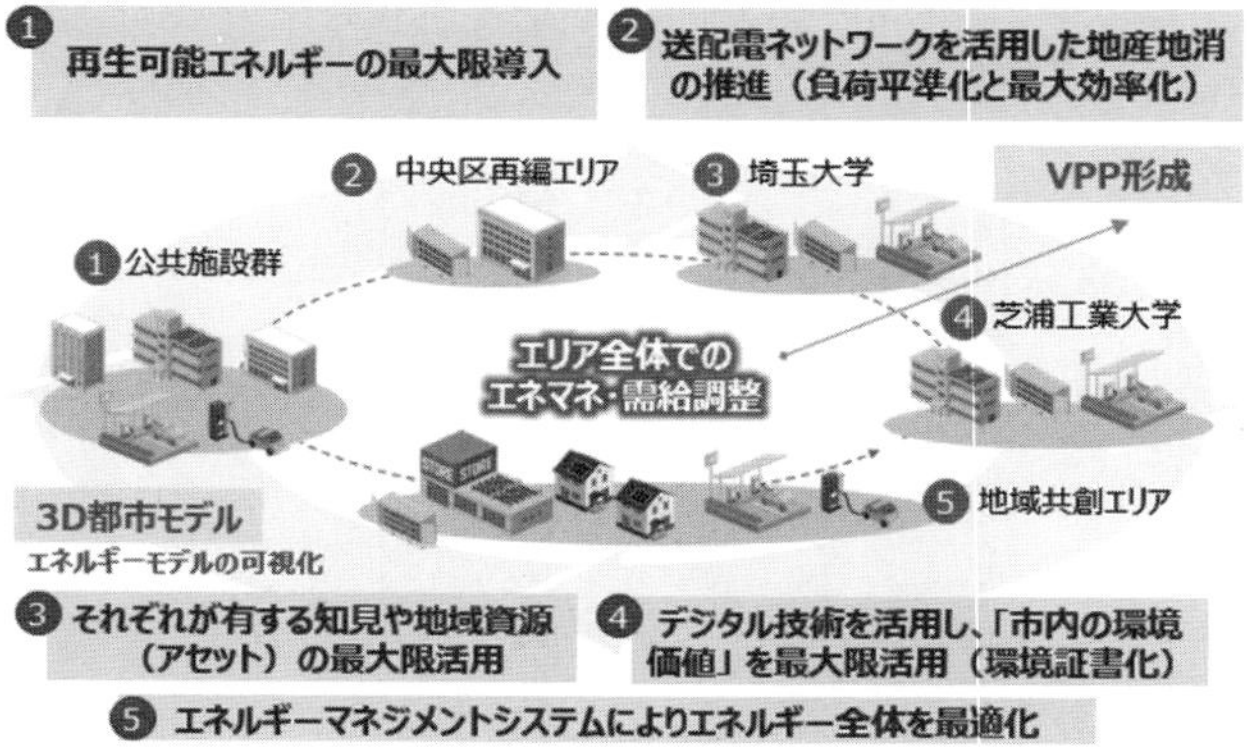

図4・5　さいたま発の公民学によるグリーン共創モデル事業全体イメージ

その中で、2030年度までに100か所の「脱炭素先行地域」をつくることが明記された。

さいたま市は2022年4月に、全国で最初に選定された26か所の「脱炭素先行地域」の一つとして選ばれた。埼玉大学、芝浦工業大学、東京電力パワーグリッド㈱埼玉総支社とともに共同で提案した内容は、2030年までに目指す地域脱炭素の姿として、「さいたま発の公民学によるグリーン共創モデル」をコンセプトに、全国の自治体で実現可能な汎用性の高い「地域循環共生型の都市エネルギーモデル」と公・民・学それぞれが主体となって取り組む「先進的かつサステナブルなグリーン成長モデル」の創出を目指している。対象とする地域は、「公共施設群」とその一部として実施する「中央区再編エリア」と、「埼玉大学キャンパス」「芝浦工業大学大宮キャンパス」の2つの大学キャンパス、美園地区周辺の「地域共創エリア」の5つを設定しており、今後、5つのエリア全体をエネルギーマネジメントし、「地域の脱炭素化」を推進する（図4・5）。

以下に紹介する事例は、この美園地区において先行的に取組を進めたモデル住宅街区である。本市では、この美園地区を含め、これら脱炭素先行地域の取組を市内全域へと広げ、2050年ゼロカーボンシティの実現を目指す。

2 最先端の住宅街区：美園地区

さいたま市の東南部、東京都心25㎞圏の郊外に位置する「美園地区」は、2001年3月開業の埼玉高速鉄道線「浦和美園駅」を中心に、大規模な都市開発が進むエリアである。市の副都心の一つとして、同駅や2002FIFAワールドカップに向け2001年10月に開場した「埼玉スタジアム2002公園」を囲みながら、2000年度以降、総面積約320ha、計画人口約3万2千人の土地区画整理事業（区域愛称：みそのウイングシティ）を核とした新たな都市拠点づくりが進行している。

2006年4月の先行整備街区の街びらき以降、基盤整備の進捗に応じて住宅、店舗などの建設や、小中学校、公園などの公共施設整備も徐々に進展し、近年は子育て世代を中心に住民が増加している。

そのような中、副都心の一つに位置づけられている美園地区において、本市が目指す理想都市の縮図として「スマートシティさいたまモデル」の構築を目指しており、2015年には副都心にふさわしい都市拠点形成を一層促進するためまちづくり情報発信・活動連携拠点となる「アーバンデザインセンターみその」（UDCMi）が開設された。公・民・学の連携により様々な取組が展開され、環境・エネルギー分野については、平時には低炭素、災害時にはレジリエンス性の高いまちづくりを進めるとともに、最先端のICT・IoT技術や大学・民間企業の知見を活かした先進的な総合生活支援サービスの展開や地域コミュニティの醸成に向けた活動を行

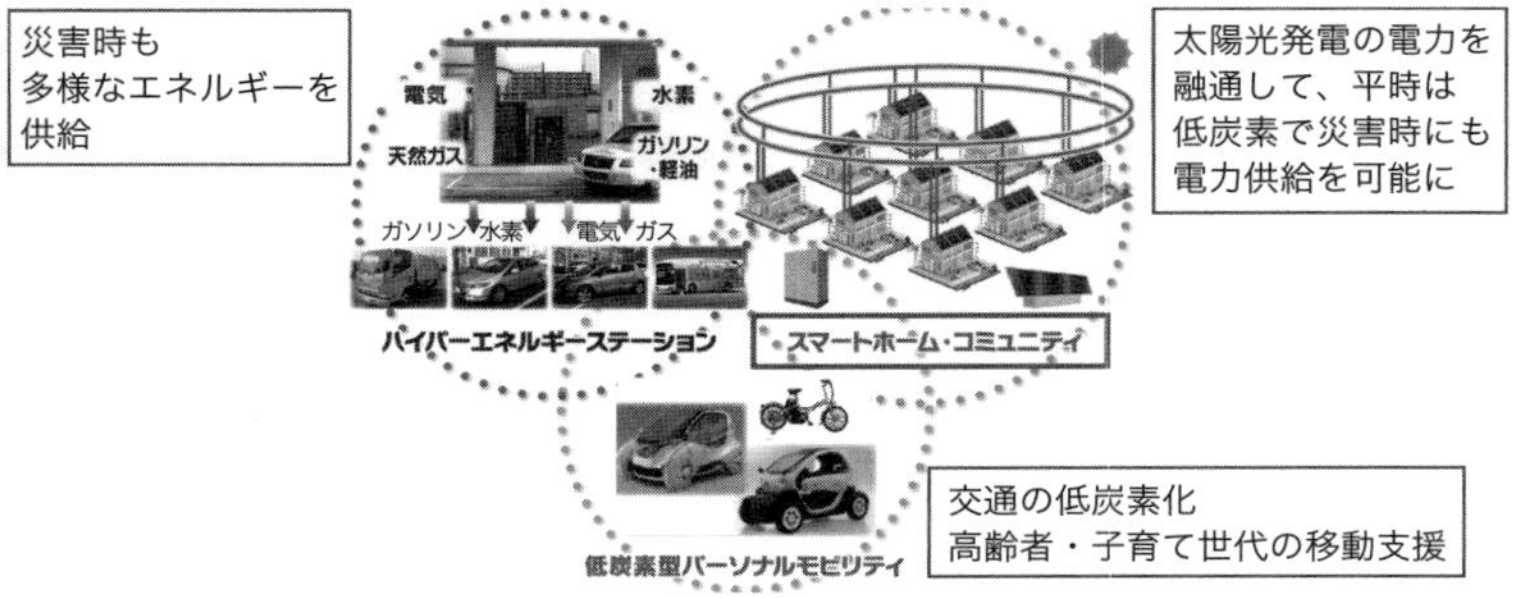

図 4・6　次世代自動車・スマートエネルギー特区のイメージ

うなど、美園地区は現在、居住人口が市内トップレベルで急増しているエリアとなっている。

3　次世代自動車とスマートエネルギー特区

本市は2009年から電気自動車（EV）の普及により持続可能な低炭素社会の実現を目指す「E-KIZUNA Project」を進め、早い時期から公用車にEVを導入するほか、充電設備の整備やEVなどの購入補助金を市が用意するなど、次世代自動車の利用を推進してきた。このような取組を進めている中に発生した2011年の東日本大震災の際には、本市においても計画停電が実施されるなど、市民生活に大きな影響を受けた。従来の取組に加え、都市のレジリエンスを実現することが必要であると考えた本市は、2011年12月に国の地域活性化総合特別区域「次世代自動車・スマートエネルギー特区」の指定を受け、多様なエネルギーを災害時も供給する「ハイパーエネルギーステーション」、交通の低炭素化高齢者・子育て世代の移動を支援する「低炭素型パーソナルモビリティ」、強くしなやかな低炭素型コミュニティモデル「スマートホーム・コミュニティ」を重点施策に掲げた。また当時の総合振興計画後期基本計画にこれらを位置付け、取組を推進してきた。今回紹介する事例「スマートホーム・コミュニティ」は、この「次世代自動車・スマートエネルギー特区」（図4・6）の重点施策の一つである。

4　スマートホーム・コミュニティの特徴

スマートホーム・コミュニティは、区画整理における保留地の活用と、「次世代自動車・スマートエネルギー特区」の取組であるレジリエンスを備えた街をつくるため、先導的モデル街区として展開することになった。

まず、本市が所有していた保留地を単に売却するのではなく、この新しい街が「低炭素でエネルギーセキュリティの確保された都市」「顔の見える地域コミュニティの育成、暮らしやすい都市」となるよう、これらのコンセプトを実現できる事業者を公募型プロポーザルにより募集した。

この選定の結果、埼玉県住まいづくり協議会会員企業の有志として、㈱中央住宅、㈱高砂建設、㈱アキュラホームの3社と本市の間で、2015年12月に「浦和美園スマートホーム・コミュニティ整備事業基本協定書」を締結し、約2万㎡の保留地を売却することとした。

図4・7　スマートホーム・コミュニティ（第3期）

このスマートホーム・コミュニティの特徴としては、主に、脱炭素化とエネルギーセキュリティの確保、高気密高断熱な住宅性能、コモンスペースの整備があり、以下に説明する（図4・7）。

(1) 脱炭素化とエネルギーセキュリティの確保

スマートホーム・コミュニティの各住宅には太陽光パネルを設置しており、また、HEMS（Home Energy Management System）が導入されている。HEMSによってエネルギーの見える化が実現し、エネルギーの効率的な利用や環境意識の高まりを期待したものである。また、この街区では東電タウンプランニング㈱と連携し、電線類を地中化している。地震や風水害などにより電柱が倒壊すると断線する可能性があることから、電線類を地中化することにより、電線倒壊に伴う停電を防ぐことができる。しかしながら、街区内の電線類の地中化は開発事業者の負担により実施することとなっていたため、高額な費用をどのように圧縮するかが大きな課題となっていた。この課題に対する方策については後述する。

(2) 高気密高断熱な住宅性能

国において、住宅性能表示制度の見直しを行うなど、暖冷房にかかる一次エネルギー消費量の削減率が注目されているが、本市ではスマートホーム・コミュニティに取り組む2015年時点で、「HEAT20グレード2さいたま市基準」を創設し、高気密高断熱を各住宅に採用した。「HEAT20グレード2さいたま市基準」では、冬季無暖房で概ね13℃を下回らない住宅性能を有し、UA値0・46とした。これは、ヒートショックを軽減し、様々な病気の有病率の低下も期待するものである。

(3) コモンスペースの整備

地域の良好な街並みの形成、地縁型の近隣コミュニティの形成、子どもの遊び場の確保などを目的として、歩行者用通路と住民の共用スペースを兼用するコモンスペースを整備した(図4・8)。このコモンスペースの管理にあたり、居住者による管理運営委員会を設置し、管理規定を策定して共同管理を行っている。さらに、住宅の販売開始から2年間は住宅メーカーが管理運営委員会の活動を支援している。コモンスペースは植栽が配置され、ベンチが設置されるなど、住民の憩いの場所となっており、スマートホーム・コミュニティの評価を高める要因の一つとなっている。コモンスペースは、各住民が所有する土地を供出し形成しているが、地役権を相互に設定する方法により共同利用に関する権利を担保し、住宅販売時に重要事項説明書に記載の上、住宅購入予定者に対して説明を行い、理解を得ている。

図4・8　コモンスペース

先ほど記載した電線類地中化はこのコモンスペースを活用し埋設している。コモンスペースは歩行者のみが通行する場所であることと住民の土地を活用していることから、地中埋設に係る費用が低額で済むことも特徴であり、災害時などの安全確保(レジリエンス)の機能も有している。

これらの規格が定められた協定書に基づき、スマートホーム・コミュニティのベースとなる先導的モデル街区第1期（33戸）が整備され、2017年3月に入居が開始された。2019年5月には第1期で取り組んだ要素に、デジタルグリッド技術を取り入れたモデル街区第2期（45戸）の入居が開始された。

5 ローカルグリッドの構築

スマートホーム・コミュニティ第3期では、前述のコンセプトに加え、災害時も電気が止まらない街区をテーマに、基本協定書締結の3社に加え、小売電気事業者である㈱Looop（以下、Looop）が参画し、発電とエネルギー利用に関する新たな取組を導入した。この事業の実施にあたり、環境省が実施するCO_2排出抑制対策事業費等補助金（脱炭素イノベーションによる地域循環共生圏構築事業）にLooopが本市と共同申請し、採択された。

スマートホーム・コミュニティ第3期はPPA（Power Purchase Agreement）モデルにより電気設備を構築している。住宅については、引き続き基本協定書締結の住宅メーカー3社が建築し、住宅に設置する太陽光パネルや電気設備などはPPA事業者であるLooopが整備している。Looopは整備した電気設備により住民に電力を供給し、住民は一定期間Looopと電気契約を締結することになっている。なお、このことは、住宅購入の契約締結時の重要事項説明にも組み込まれている。スマートホーム・コミュニティ第3期は約8700㎡、52区画の土地に整備しているが、このうちの1区画をLooopが購入し、チャージエリアと呼ばれる場所に、

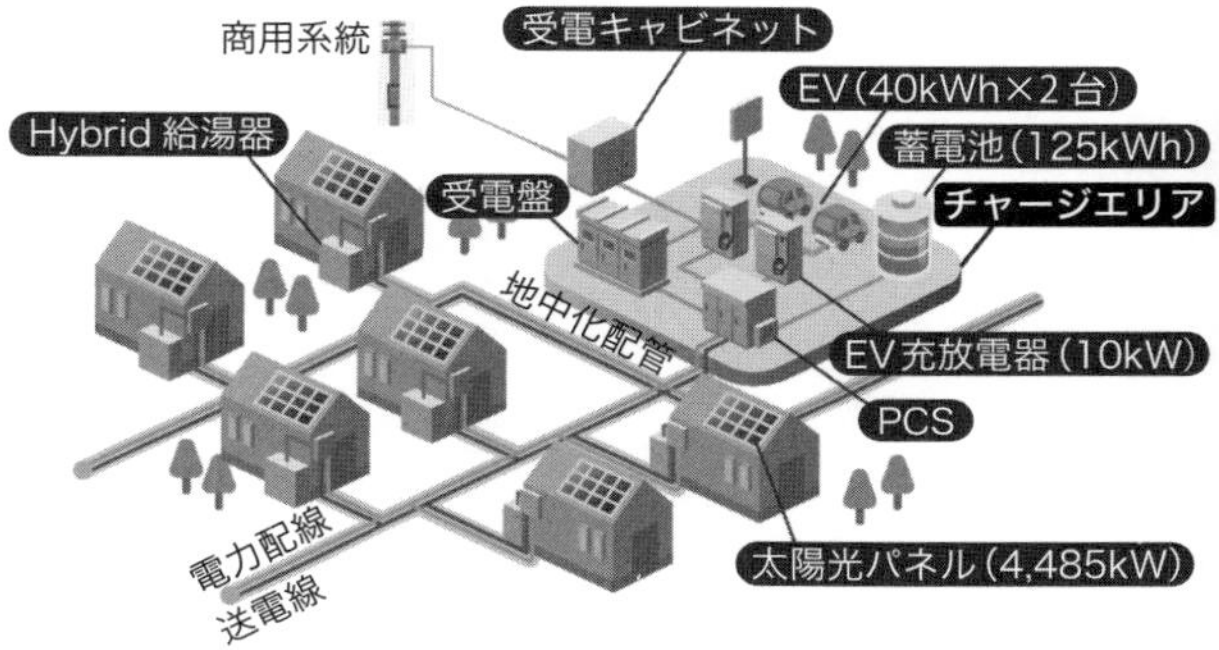

図4·9　ローカルグリッドの概要（提供：㈱Looop）

受電キャビネットや蓄電池を整備し、51区画に住宅を建設している。各住宅の屋根に設置した太陽光パネルで発電した電力は、チャージエリアにて交流に変換し各住宅に配電している。電力の余剰分はチャージエリアに設置した蓄電池及びEVに充電し、発電量を上回る電力需要があった場合に利用される。太陽光発電は需要と供給のバランスをとることに課題があるが、この街区では使用電力の再生可能エネルギー比率を高めるために、いくつかの工夫がある。1つ目は、ハイブリッド給湯器の制御である。電気とガスの両方が使える給湯器を各住宅に設置し、電力の余剰が見込まれる際には、予めお湯をつくっておく制御を行っている。2つ目は、電力のダイナミックプライシングである。太陽光の発電余剰に応じて、電気料金が変動する仕組みとなっており、前日に各戸に貸与されているデバイスに料金が表示される。これにより、住民は太陽光発電を意識することで、より安い電力を使用することが可能になり、環境意識の高まりにつながっている。なお、太陽光発電で賄えない電力は、非化石証書が付与された電力をLooopが購入することで、当該街区は再生可能エネルギー実質100%を実現する先進的な街区となっている。

さらに、この街区で整備した電力設備はローカルグリッド（図4·9）となっており、系統電力が停電した場合においても一定期間は住宅に電力供給を継続することができる。停電があった場合は、各戸が使用できる電力に一定の制限が付与されるものの、太陽光発電が稼働し、電力需要が高くない時期（春や秋）であるなどの条件を満たす場合、48時間以上の電力供給を継続できるシミュレーション結果がある。また、条件が良くない場合であっても6時間程度は電力供給が継続できると考えられている。

さらに、チャージエリア内にはEVを配置し、平日は街区内の蓄電池として活用し、土日祝日にはスマートホーム・コミュニティ住民向けにシェアカーとして貸し出すサービスも実施することで、最適な移動環境を整える一助となっている。

6 今後の課題

スマートホーム・コミュニティの第3期は特に、脱炭素・レジリエンス・コミュニティといった課題に対し、行政と民間事業者が取り組んだ好事例として、国内外から注目されている。しかしながら、この取組を横展開するには、コスト面などに課題があると考えている。

今後は、技術開発により蓄電池の性能向上と価格低下が行われることで、太陽光発電をはじめとした再生可能エネルギーがより活用されることを期待したい。また、電力で稼働する機器により生活が維持されている今日、停電などがあった際には、生活に大きな支障が出るようになっている。ローカルグリッドを形成することで、停電のリスクを大幅に削減しているものの、この機能に対するサービス対価を求めるようにはなっていないことも今後の課題となるだろう。

最後に、本市が目指すゼロカーボンシティの実現のためには、市内における住民や民間企業との連携体制を構築することはもちろんのこと、他自治体との連携が必須と考える。是非、多くの自治体とともに地域脱炭素を実現させたい。

4・3 米子市・境港市：非FIT再エネの地産地消と自治体連携 CO_2 排出管理

ローカルエナジー㈱専務取締役　森　真樹

1　山陰の交通の要衝である2つのまち

(1) 米子市

米子市は、山陰鉄道発祥の地の歴史を誇る「米子駅」を中心とする鉄道網や高速道路（米子道・山陰道）、国道などの道路網が整備されている。また、山陰唯一の国際定期航空路線を持つ米子鬼太郎空港を有するとともに、国際定期航路を持つ境港市と隣接しており、陸・海・空いずれにおいても便利なアクセス環境などから、海外にも開かれた山陰の玄関口と呼ばれる交通の要衝である。

人口は、2005年の旧米子市と旧淀江町との合併以後、15万人程度を維持しており、2015年の世帯数は6万37世帯となっている。

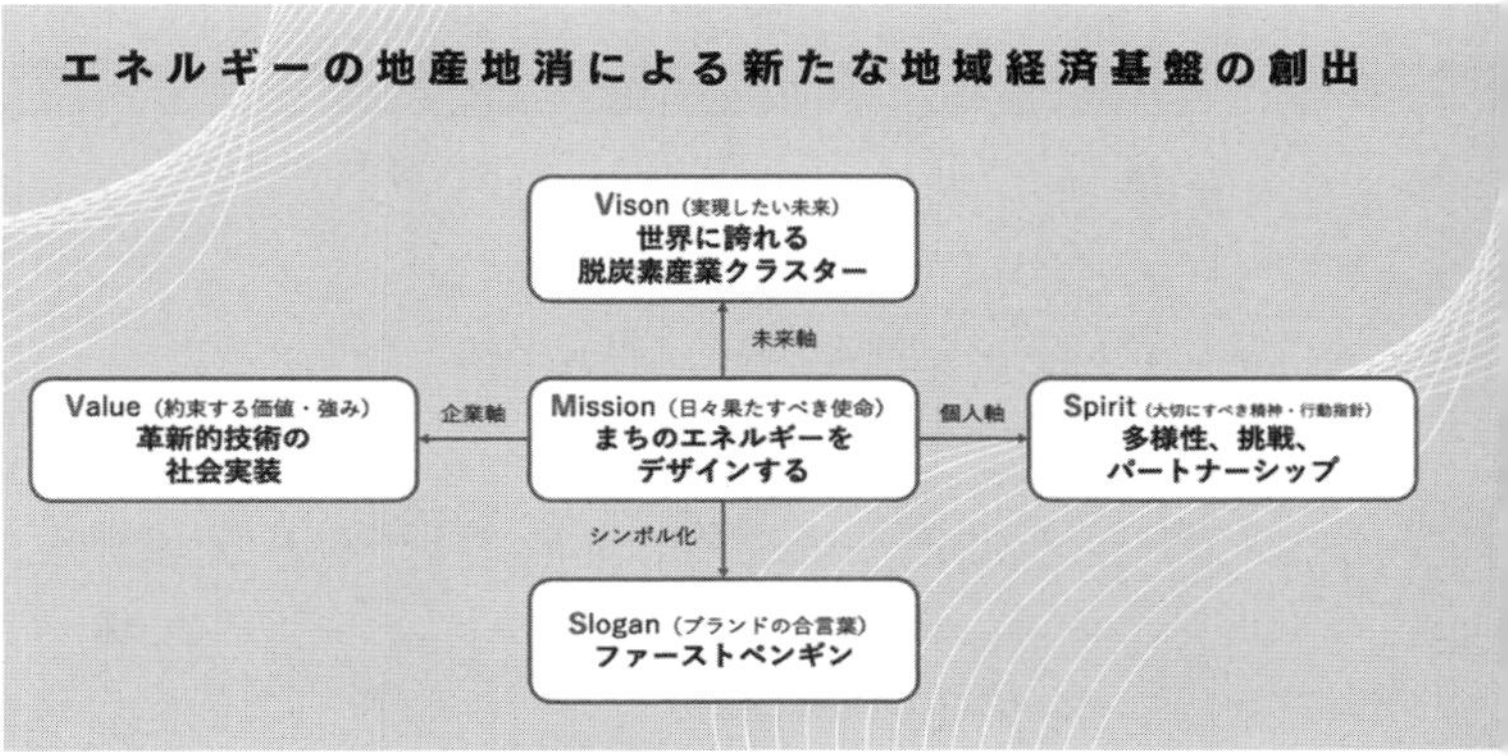

図4･10　ローカルエナジーの企業理念

(2) 境港市

境港市は、重要港湾「境港《さかいこう》」、特定第三種漁港「境漁港」、国際空港「米子鬼太郎空港」という重要な社会基盤である3つの「港」、日本有数の水揚量を誇る水産資源、年間200万人以上の観光客が訪れる水木しげるロードに代表される観光資源を有している。

2015年の人口は、約3万5千人であり、世帯数は1万5155世帯となっている。

2　地域新電力「ローカルエナジー」の取組

(1) 地域新電力「ローカルエナジー」の設立

ローカルエナジー㈱（以下、ローカルエナジー）は、米子市・境港市及び地元企業5社が出資する地域新電力である。2013年度、2014年度に実施した総務省分散型エネルギーインフラプロジェクト「よなごエネルギー地産地消・資金循環モデル構築事業」にお

表4・1　これまでの地域脱炭素に関する取組

年度	取組名	実施主体
2013 2014	総務省分散型エネルギーインフラプロジェクト 「よなごエネルギー地産地消・資金循環モデル構築事業」	鳥取県米子市
2015	米子がいな創生総合戦略「地域エネルギー会社設立事業」	鳥取県米子市 地元企業5社
2018	環境省グッドライフアワード「環境大臣賞自治体部門」受賞	鳥取県米子市 ローカルエナジー㈱
2020	新エネルギー財団　新エネ大賞 「資源エネルギー庁長官賞」受賞	鳥取県米子市、境港市 ローカルエナジー㈱
2020	米子市及び境港市　ゼロカーボンシティ宣言	鳥取県米子市、境港市
2020 2021	資源エネルギー庁　エネルギー構造転換理解促進事業 「よなご未利用エネルギー活用事業」	鳥取県米子市 ローカルエナジー㈱
2021	米子市公共施設におけるRE100電気の調達	鳥取県米子市 ローカルエナジー㈱
2021	日本デザイン振興会　グッドデザイン賞受賞 「電力サービス［Chukai電力］」	ローカルエナジー㈱ ㈱中海テレビ放送

いて、地域エネルギー会社の設立機運が高まり、その協議会メンバーを中心に、2015年12月に設立された。

ローカルエナジーの企業理念は、図4・10のとおりである。地域の官民金が連携して「世界に誇れる脱産業クラスター」を創出することを目指し、革新的技術の社会実装に取り組んでいる。

(2) 地域脱炭素に関する取組

米子市・境港市とローカルエナジーによる地域脱炭素に関する取組は、表4・1のとおりである。

3　脱炭素先行地域でのエネルギーの取組

(1) 2030年度までに目指す姿

政府目標である2050年のカーボンニュートラルに向けて、米子市及び境港市はゼロカーボンシティ宣言を行っている。目標達成に向けて地球温暖化対策及び脱炭素対策を戦略的に推進するため、2030年度の温室効果ガス排出量60％削減（2013年度比）を目指し、行政及び民間企業などの連携による全市的な取組を展開する。

脱炭素先行地域では、2030年度の目標達成に向けて、2022年度から2026年度を集中取組期間とし、米子市及び境港市において定めた脱炭素先行地域内の公共及び民間施設を対象に、2025年度までに電気使用に伴うCO_2排出量ゼロを目指す。あわせて、2030年度までに脱炭素先行地域に指定した公共施設群の電気使用に伴うCO_2排出量ゼロを目指す。

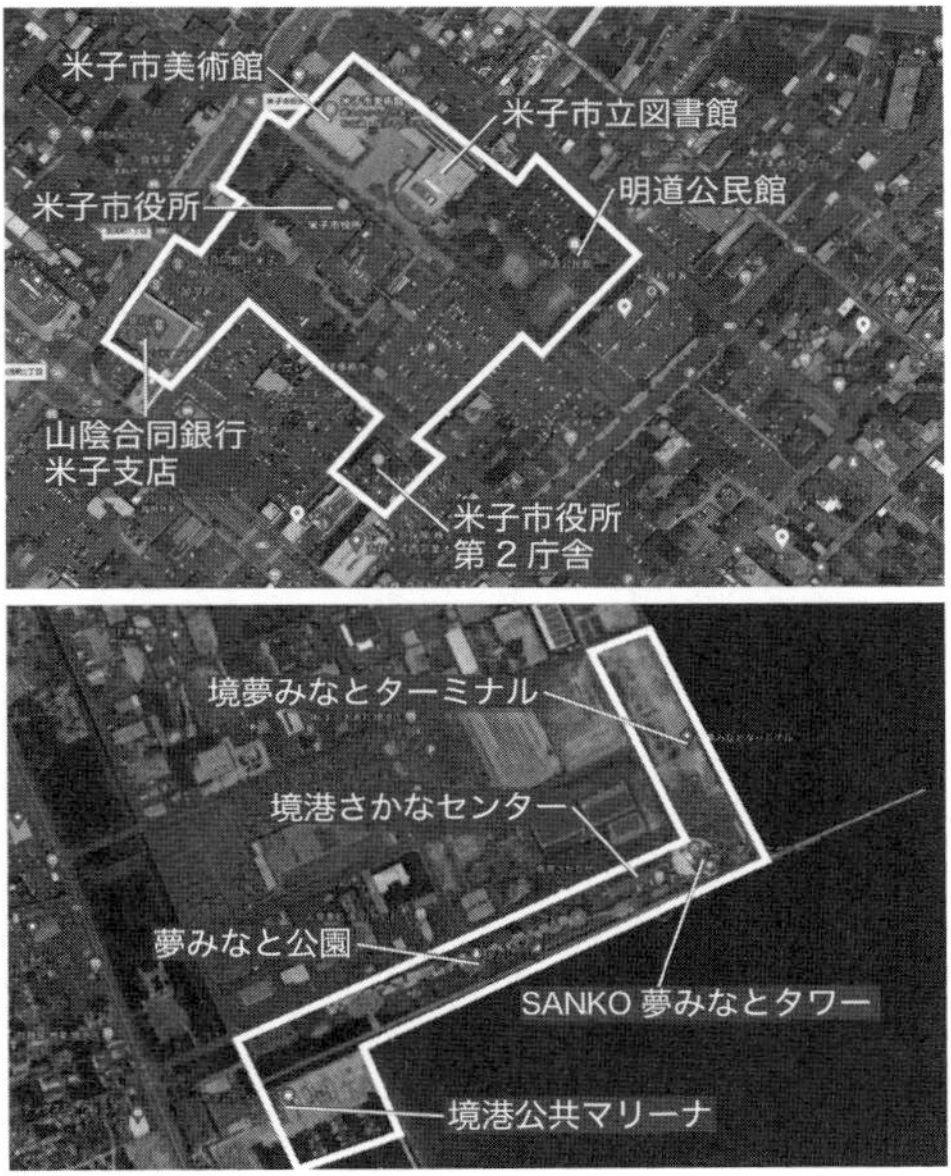

図 4・11　脱炭素先行地域の位置

(2) 対象地域

本計画で位置付けている脱炭素先行地域の位置は図4・11、概要は表4・2のとおりである。

(3) 民生部門の取組

民生部門の取組を図4・12に示す。

再エネ供給事業（非FIT＋自己託送）

既存の再エネ設備（米子市クリーンセンター、米子市内浜処理場）及び新規の再エネ設備（下記②③）で発電した電力を、脱炭素先行地域に

表 4・2　脱炭素先行地域（米子市・境港市）の概要

脱炭素先行地域	該当する施設・土地	指定する理由	年間電気使用量(MWh)
A. 中心市街地（米子市）	米子市役所（本庁舎、第二庁舎）、米子市立図書館、米子市立美術館、明道公民館、山陰合同銀行米子支店	米子市の中心市街地を対象に、先行的にカーボンニュートラルを進めることで、市民に対する理解醸成と行動変容を促すため	1,895
B. 観光地（境港市）	夢みなとタワー、境夢みなとターミナル、夢みなと公園、境港公共マリーナ、境港さかなセンター	境港市の観光地を対象に、先行的にカーボンニュートラルを進めることで、来訪者（特に海外のクルーズ船乗船客）に対する広報・PRと市民の理解醸成・行動変容を促すため	1,839
C. 公共施設群（米子市・境港市）	上記を除き、ローカルエナジー㈱と契約している公共施設全て（計 599 施設：見込みを含む）	米子市・境港市のゼロカーボンシティ宣言及び地球温暖化対策実行計画を、早期に達成するため	27,273
D. 荒廃した農地（米子市・境港市）	米子市の荒廃した農地：304ha 境港市の荒廃した農地：67ha	米子市・境港市の公共施設群に対し、再エネ（太陽光発電）の供給エリアとするため	–

供給する。供給に当たって、既存の再エネ設備は「自己託送制度」を用いる。米子市クリーンセンターと米子市内浜処理場のバイオマス発電設備は米子市所有であり、米子市の公共施設は自らのバイオマス発電の電気を使用する。

自己託送に伴う業務は、ローカルエナジーに委託するとともに、オフサイトPPAによる非FIT太陽光発電の電気は、ローカルエナジーを介して、既存の電力系統から供給する。

非FIT太陽光発電 PPA 事業（オンサイト、オフサイト）

新規の再エネ設備として、米子市水道局の施設用地、荒廃した農地、公共施設及び民間施設の屋根に、PPAスキームによる太陽光発電を整備する。新規開発の規模は、オフサイトPPAによる太陽光発電を計1万kW、オンサイトPPAによる太陽光発電を計4千kWとする。なお、水道局の施設用地は自営線によるマイクログリッド

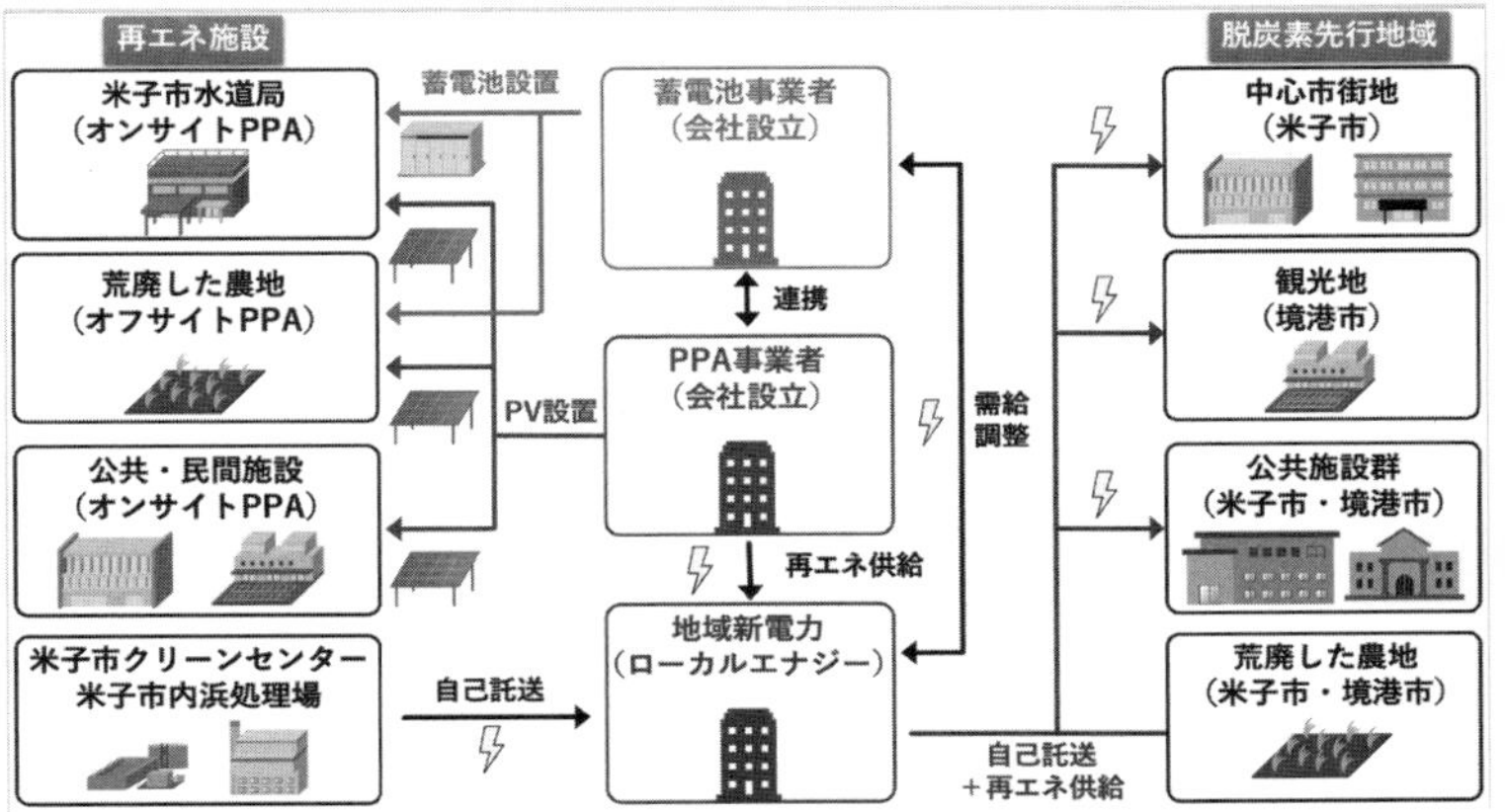

図 4・12　民生部門の取組の全体像（データプラットフォーム事業を除く）

を構築する（自営線も脱炭素先行地域に含める）。

PPAサービスを行う事業者は、新たに会社設立を検討する。また、資金調達については、山陰合同銀行と連携して進めることで、地域内の資金循環を目指す。

再エネ需給調整蓄電池事業（水道施設BCP、再エネ需給調整）

水道施設のBCP及び再エネ需給調整を目的に、大規模蓄電池を整備する。整備場所として、米子市水道局の施設用地：6千kWh、荒廃した農地周辺：8千kWhを計画する。

なお、大規模蓄電池を運営する事業者は、新たに会社設立を検討する。また、事業性を高めるため、容量市場や需給調整市場などでの取引も検討し、事業継続ができる仕組みを構築する。

データプラットフォーム事業（見える化）

脱炭素先行地域（米子市、境港市、公共施設群）の電気使用量を一元管理し、見える化を行うデータプラットフォームを構築する。公共施設群の電力契約は、ローカルエナジーのバランシンググループで需給管理することから、スマートメーターで計量された30分単位の電気使用量のデータが保存されている。

この電力使用データを用いれば、日次ですべての施設の電力使用量を見える化することができ、電力需要家である米子市・境港市がデータ集計しなくても、ポータルサイトからCO_2排出量を確認することが可能となる。また、市民がポータルサイトにアクセスすることで、公開情報としてCO_2排出量を確認でき、行動変容を促していくことも期待できる。

（4）民生部門以外の取組

公用車の電気自動車への移行

脱炭素先行地域（米子市、境港市）において、2025年度目標の電気使用に伴うCO_2排出量ゼロを達成した施設から順次、公用車を電気自動車に移行する。また、専用アプリによるEVカーシェアリング事業の実現を目指す。

2026年度以降には、脱炭素先行地域内施設の電力は再エネとなり、CO_2排出量が実質ゼロとなっており、かつ国内自動車メーカーでも電気自動車の車種や機能向上が図られている可能性が高いため、その段階においては確実に電気自動車へ移行できるよう準備を進める。

地域エネルギーデータプラットフォームの拡大（産業部門、運輸部門）

本事業において、整備する地域エネルギーデータプラットフォームは、脱炭素先行地域（米子市、境港市）と公共施設群の電気使用量とCO_2排出量の管理、見える化を行うものである。

次の段階では、地域のエネルギー供給会社（ガス・石油製品）と連携し、法人番号により、地域エネルギーデータプラットフォームと各社がデータ連携し、産業部門、運輸部門で使用するエネルギー量及びCO_2排出量の管理、見える化を行う。

カーボンニュートラルに関する教育及び広報活動

ローカルエナジーでは、既に米子市・境港市の小学校から高校まで、環境教育を継続実施している。上記の地域エネルギーデータプラットフォームを活用することで、日常的に各学校でCO_2排出量を見える化することができるため、現在の環境教育のコンテンツとして活用する。

また、地元ケーブルテレビ事業者であり、ローカルエナジーの株主でもある㈱中海テレビ放送と連携し、脱炭素先行地域の取組を定期的に市民に周知する番組やニュースを放送し、市民の理解促進と行動変容を促す。

4 ゼロカーボンから地域課題の解決に向けて

(1) 荒廃した農地を活用する資金の創出

オフサイトPPAで用いる太陽光発電の整備は、荒廃した農地（米子市：304ha、境港市：67ha）を候補地としている。この荒廃した農地は、現在、セイタカアワダチソウなどの雑草が生え、景観の悪化や害虫被害（ヌカカなど）により、住民からの苦情も多く地域の課題となっており、この解決のため地域脱炭素を手段として活用する。

荒廃した農地の整備の際は、米子市クリーンセンターで発電された電気を、米子市の公共施設に自己託送することで削減された電気代（再エネ賦課金相当額）を原資に新たに基金を設立し、整備費用の一部を捻出する。なお、この基金は、荒廃農地の管理の他、非化石価値証書の購入、カーボンニュートラルに資する事業への補助などにも活用する。

（2）水道施設の事業継続

米子市水道局は、米子市及び境港市に水道供給を行っている。昨今の自然災害の増加に伴い、停電時にポンプ設備などの水道施設へ電力供給を行う環境整備が重要となっている。よって、水道局の施設用地に太陽光発電と蓄電池を設置することで、水道施設のゼロカーボンと電気代削減、そして事業継続の実現を目指す。

（3）新たな産業の創出

本計画において、オンサイトPPA及びオフサイトPPAを行うPPA事業者の新規設立を検討する。ローカルエナジーが非FIT太陽光発電の再エネ買取及び需要家からの料金徴収を行うことで、PPA事業者の事業性を最大化する。

また、再エネ需給調整を目的とした大規模蓄電池は、特別な知見や物品調達、オペレーションが必要なため、事業性評価を行った後、複数企業の共同出資による蓄電池事業会社の新規設立を検討する。

なお、資金は原則、地元企業及び地元金融機関から調達する計画とし、本事業による経済効果の多くは地域で循環される。また、再エネ開発・エネマネ事業のノウハウが地域に蓄積し、地域人材が育つことで、地域での取組が持続可能になる。

5　地元企業の参画と自治体の連携

(1) 地元企業の参画

ゼロカーボンを地域発展につなげるために最も大事なことは、地元企業の参画である。ローカルエナジーの株主は、地元の行政及びケーブルテレビ、LPガス、都市ガス、産業廃棄物処理、温泉供給を行っている。この共通点は、地域に根ざして市民生活に密着したインフラサービスを提供しているところであり、ドイツのシュタットベルケを見本にしている。

人口減少社会においては、1人当たりのインフラコストは増加傾向であり、今後の地域社会においては、インフラ事業者の横連携による経営効率化や事業創出が求められる。この横連携の軸の一つは、間違いなく「ゼロカーボン」であり、市民生活を支えるインフラサービスを持続的な経営にするためには、地元企業の参画が必須条件と考えられる。

脱炭素先行地域においては、協議会及び分科会を設立し推進しており、そこにはローカルエナジーの株主のほか、地元の金融機関や石油販売会社、IT企業、電気工事会社も参画している。このように地域の多様な業種がゼロカーボンに関わることによって脱炭素産業のクラスター化を進めていく。
また、脱炭素先行地域の選定と同じ時期に、共同提案者である山陰合同銀行が「ごうぎんエナジー㈱」を設立した。本事業で得たノウハウは、ごうぎんエナジーが他地域へと広域展開する推進力になることが期待される。このように、各地域の金融機関がゼロカーボンの担い手の一人であることは間違いない。

(2) 自治体の連携

本計画は、米子市と境港市の自治体連携事業となっている。この連携体制がとれた最も大きな要因は、月1回開催しているローカルエナジーの株主連絡会がプラットフォームを担っていることが大きい。ローカルエナジーが株主及び取引先にヒアリングを行い、「地域脱炭素パッケージ」という提案書をとりまとめ、米子市及び境港市に株主連絡会で提案したことが、脱炭素先行地域を目指す第一歩となった。この自治体連携の枠組みづくりは、共通した地域課題の解決に向けて有用である。

また、鳥取県においても、鳥取県生活環境部脱炭素社会推進課が主体となり、広域の地域脱炭素に積極的に取り組んでいる。特に「令和新時代とっとり環境イニシアティブプラン」では、政府の目標を超える「2030年度の温室効果ガスの総排出量を2013年度から60%削減」を目指した意欲的な目標設定をしている。

米子市及び境港市の脱炭素先行地域では、協議会メンバーとして鳥取県に参画いただいている。そこで得た情報・ノウハウは県内の他の自治体へ展開することで、地域脱炭素のドミノを倒していく仕掛けとなっている。

(3) 地域外企業の支援

ゼロカーボンを地域発展につなげるためには、「地元企業の参画」「自治体の連携」が重要である一方、地域外企業の支援がないとできない事業があるのも事実である。

本計画では、再エネ需給調整蓄電池事業が該当する。大規模蓄電池の調達・工事・運営・維持管理のノウハウを持つ企業は地元にはなく、事業性評価を含めて地域外企業とのアライアンスが必要であった。

このアライアンスで重要なのは、「理念や目的を共有できるか」に尽きる。地域脱炭素は手段であり、その目的は「地域課題を解決すること」である。ありがたいことに、様々な企業からアライアンス提案を受けているが、本質的なところをご理解いただけているかを、一つの判断基準としている。技術力や実績も大事ではあるが、それ以上に地域との信頼関係の構築が重要だと考える。

4・4

真庭市：森とくらしの循環で自立する地域づくり

真庭市役所産業観光部林業・バイオマス産業課
エネルギー政策室 室長　**杉本　隆弘**

1　中国地方山間部の木材の産地

本市は岡山県の北部、鳥取県境にあり、2005年3月31日に9つの町村が合併して誕生したまちで、東西に約30km、南北に約50km、総面積は約828km^{2}と岡山県の11.6%を占め、全国で58番目に広い面積を有しており、自然、景観、文化、歴史など多彩な資源を有している（図4・13）。

面積の79.0%を森林が占める、典型的な中山間地であり、古くから木材の産地として知られ、生産から加工、流通まで体制が整い発展してきた。

また、北部蒜山地域に源流を持ち瀬戸内海に注ぐ岡山県三大河川の一つである一級河川旭川が南北に流れ、室町時代から、高瀬舟により木材を運搬していた。

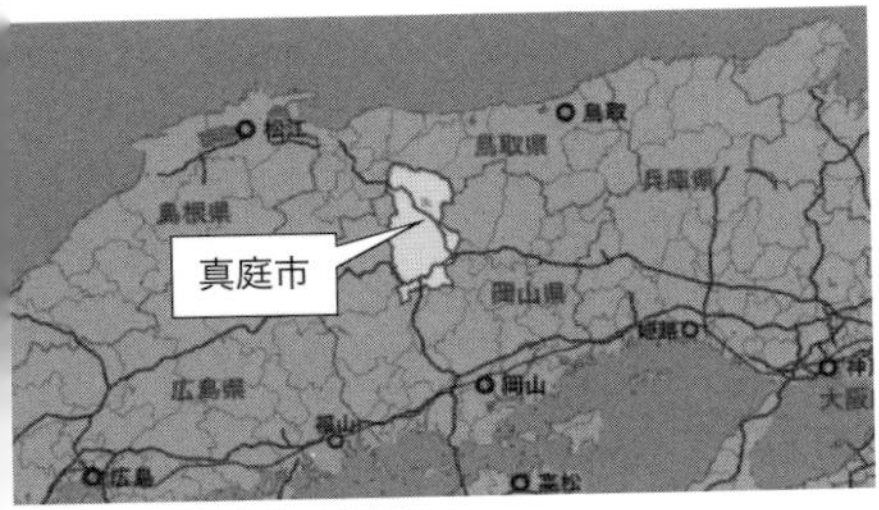

図4・13　真庭市の位置

このように森林や河川など自然環境の恩恵を受け、地域経済が支えられてきた。

人口の動向をみると、1990年に6万人を割り込み、以降急激に減少し、2020年国勢調査では4万2725人となっており、2040年には3万2千人程度になるとの予測もされている（国立社会保障・人口問題研究所による推計）。また、年齢区分別の推移では、今後一層、年少人口、生産年齢人口が減少し、高齢人口の割合が増加することが予測される。

産業別人口は、2020年国勢調査では第一次産業が12・8%、第二次産業が26・3%、第三次産業が58・1%となっており、第一次産業及び第二次産業が減少傾向にあり、第三次産業が増加傾向にある。また、市内の製造品出荷額の約25%を木材・木製品製造業が占めている。

これは、市内に素材生産業者約20社、製材所約30社、原木市場3市場、製品市場1市場があり、木材のサプライチェーンが市内で完結していることが背景にある。

2 バイオマスの取組

このような背景が基本となり、真庭市では「木を使い切る真庭」を念頭に、間伐などの森林整備の際に出てくる林地残材や製材所から排出される樹皮や端材などをバイオマス燃料として利用する構想を立て、2014年のバイオマス産業都市に選定され、様々なバイオマス関連事業を官民一体で取り組んできている。

その中での中心的な取組が木質バイオマス発電事業である。2015年に稼働開始した真庭バイオマス発電

図4・15　地域循環共生圏のイメージ

図4・14　真庭バイオマス発電所

所は、出力1万kwで一般家庭約2万2千世帯分の発電能力を有している。また8万1千tのCO_2削減にも貢献している。

年間の売電収入は約21億円で稼働開始以来、順調に推移している。発電に必要な燃料は先に述べたように、林地残材や製材端材であり、その燃料代約15億円が地域内で循環されている（図4・14）。

また、これとは別に森林所有者へ直接還元（550円/t）がされており、発電所稼働から現在まで約2・8億円が還元されている。また、チップ生産事業や運送事業などの新たな産業が生まれ、雇用創出にもつながっている。さらには、市民レベルのバイオマスの取組として、生ごみの再資源化にも取り組んでおり、現在、液肥化実証プラントでのノウハウをもとに本格的な生ごみなど資源化施設稼働に向けた建設が進んでいる。

このような取組を継続的に実施していたことが、2018年のSDGs未来都市への選定、2019年の地域循環共生圏プラットフォームの選定（図4・15）、そして今回の脱炭素先行地域の選定へつながったと考えている。

3 脱炭素を起爆剤に

現在、地球温暖化が原因とみられる気候変動により、災害の激甚化・頻発化が進行している。本市にとってはこれが対岸の火事でなく、当事者として対策を講じなければならない喫緊の課題となっている。また、中長期的な未来には、この影響が市民を含めた、人類全体の日々の当たり前の暮らしの基盤を崩しうる大きなリスクをはらんでいる。

このような中、真庭市という地域が、未来世代への責任として、①産・官・民のそれぞれが炭素排出などの環境負荷を減らしていくこと、②豊富な森林資源を背景にその炭素吸収をはじめとした多面的機能を最大限発揮していくことが極めて重要である。これらに取り組んでいくことこそが、私たちの今と近未来の生活を守ること、すなわち、地球温暖化の進展がもたらす影響（災害の激甚化など）による損害の発生リスクの低減（地域レジリエンスの強化など）につながるものと考えている。

また、本市としては、脱炭素の実現を最終的な目的としているのではなく、人口減少・高齢化・過疎化に代表される多岐にわたる課題を乗り越え、より良い地域をつくるための起爆剤であると捉えている。脱炭素のために息をひそめて暮らすのではなく、脱炭素に関わる数々の取組が、地域資源を見直し、組み合わせ、磨くことにつながり、結果として、地域の経済性を高め、地域を守り、人を活かす、そのような脱炭素社会、すなわち「真庭ライフスタイルの実現」こそが本市が目指している姿である。

このため本市では、長期目標として、2020年3月に2050ゼロカーボンシティまにわ宣言を公表し地域エネルギー自給率100％を目指しエコで災害にも強いまちづくりに取り組むほか、焼却ごみの削減を図る資源循環システムづくり、エコカー・自転車を活用した健康な交通網づくり、「COOL CHOICE」の推進によるエシカルな行動ができる人づくりを進めるなど、ソフトハード両面で様々な脱炭素に向けたまちづくりを進めている。

また、2030年のあるべき姿として、以下のような構想を描いている。

「地域エネルギー自給率100％の達成に向け自給率が高まった本市では、これまで市外に流出していたお金が市の内部で回る「回る経済」の考え方が定着している。地消地産の考え方から、若者たちが地域に必要な物や仕事を発見し、起業する例が増えている。当初は、サテライトオフィスとして真庭市に事務所を構えていた企業も、本社を真庭市に移す例も増えた。（中略）「効率」よりも「生活の質」が大切にされるようになり、文化的な多様性があり、若者が次の時代を自らが創っていくという志を抱き、（中略）真庭市と日本の将来展望、そして世界貢献について熱く語りあっている。（中略）多様な人々の多様な生き方があり、誰もがそれを尊重しあい幸福に暮らしている。これこそが、真庭ライフスタイルの実現である。」（真庭市SDGs未来都市2030年のあるべき姿より）

また、真庭版地域循環共生圏でも「エネルギーの地産地消による富の循環」「ごみ減量でつながる」など様々な循環で自立する地域づくりを目指している。

真庭市の脱炭素先行地域の計画では、2050年までの産官民の取組を促進していくための第一歩として、「市内公共施設群」（観光施設、スポーツ施設、庁舎、学校など多岐にわたる約200以上の施設群）を脱炭素先行地域の対象としている。これらの公共施設へ太陽光発電設備や蓄電池の設置、LED化やZEB化・省エネ改修を行う。これらの施設における消費電力は市内民生部門の電力消費量のおよそ14％であり、これがゼロカーボン化できれば市内民生部門電力の14％分のCO_2が削減できる。さらには、公用車の次世代自動車導入と充電設備の導入を促進する。

また、市内全域に点在し、あらゆる市民が利用する公共施設における脱炭素化を、「見える形」で進めることで、産業界や民間での取組への波及効果が見込める。加えて、地域新電力での市内電力供給の検討を始めとした地域内経済循環も併せて検討し、ゆくゆくは、産業界・民間も巻き込んでいきたい。

4　バイオマス発電所増設と生ごみ等資源化施設の整備

計画の中で大きな柱となるのが、木質バイオマス発電所の増設と生ごみ等資源化施設の建設とそれに伴うバイオ液肥濃縮施設の導入である。木質バイオマス発電所の増設については、カーボンニュートラルの流れにより、我が国全体での再生可能エネルギー由来の電力への需要が高まる中、地域資源をフルに活用し、以下の3点を目指して木質バイオマス発電所の設置を行う。

・持続可能な林業・木材産業と資源の好循環の創出による森林の多面的機能（炭素吸収量の増大や災害抑止機能など）の発揮の両立を実現すること
・市民がその恩恵を享受することで市民の環境意識や森林への関心を喚起すること
・地域エネルギー自給率の向上により、地域レジリエンスの強化（地域マイクログリッドによる地域分散型エネルギー供給システムの構築）を図ること

発電所は2026年稼働開始を目指し、これらの目的を達成するべく、以下の4項目の取組を進めていく。

①現在未利用となっている広大な広葉樹林の循環的利用や、エネルギー利用を目的とした耕作放棄地における早生樹生産など、活用できる地域資源をフルに利用する「エネルギーの森構想」の実現。
②森林資源の適切な整備・更新を行うことで、真庭市の森林による炭素固定量を最大化しつつ、持続的かつ効率的な森林経営の実現。
③刻々と変化する市場や森林資源の動向を踏まえ、持続可能な木材需要の創出などによる持続的で競争力のある燃料調達網の構築。
④地域新電力での市内電力供給の検討をはじめとした地域内経済循環による地域活性化。

図4・16　生ごみ等資源化施設

生ごみ等資源化施設の建設とそれに伴う液肥濃縮施設の導入（図4・16）については、従来の廃棄物処理の考え方を「ごみの焼却処理、汚水の水処理」といった「処理」から「再生」へとシフトする。家庭などの生ごみ、し尿、浄化槽汚泥

をメタン発酵させ、年間約8千tのバイオ液肥が製造され、濃縮施設で約10分の1にすることで容易な散布を可能とする肥料として市内の農地へ還元する。燃えるごみの約40%を占める生ごみを焼却しないことにより、可燃ごみの減量を行い、ごみ焼却施設及び下水処理施設を整理統合、ごみ処理コスト及びCO_2の削減を実現する。

当市では、今後の地域の脱炭素を進めていくため、産学官金の連携を目指す。岡山では2022年3月5日、国、県、大学、経済団体、地域金融機関などで構成する「地域脱炭素創生・岡山コンソーシアム」が設立された。

5　関係者との連携

脱炭素社会の実現には、需用家、再エネ発電事業者、企業、金融機関などの様々な主体の連携が必要であり、脱炭素をキーにした地域課題解決に向け、情報交換、連携を行い取組を進める。

今回の脱炭素先行地域の応募に関しては、時間的制約などから市民や市内企業などを巻き込んでの議論が十分なされなかった。脱炭素社会は、自治体だけの取組だけでは実現することが不可能であり、いかに市民や企業などと一緒になって考えていくかが課題である。当市では脱炭素先行地域に選定されてから、次世代を担う高校生や市内企業の若手経営者を中心とした「市民会議」を5回開催し、脱炭素を自分事として捉え、真庭の2050年脱炭素社会の実現に向けた提案をいただいたところである（図4・17）。

図4·17　脱炭素市民会議の案内チラシ

また、様々な脱炭素に関する事業を実施していく上で専門人材の確保は必須であるが、多くの自治体ではこのような専門人材が不足している。当市では、2022年度から国の「地方創生人材派遣制度」を活用して、民間事業者から専門的知見を有する職員の派遣を受け、これからの具体的政策をサポートしていただいている。

6　地域の力で推進

当市は脱炭素地域に向けて動き始めたばかりである。地域における脱炭素は行政だけでは進まない。市民、市内企業や関連団体との協力によって推進されるものである。地域の力を結集して全国に誇れる脱炭素地域を目指していきたい。

4・5

梼原町：雲の上の町の地域エネルギーを活かした挑戦

梼原町環境整備課 副課長　石川　智也

図4・18　梼原町の位置

1　風・光・水・森――恵まれた自然の力

梼原町《ゆすはらちょう》は、高知県の西北部にあり、愛媛県との県境の町である（図4・18）。雄大な四国カルスト高原を有する四国山地の麓に位置し、四万十川の源流域にある急峻な渓谷と山々に囲まれた町である。町の面積は、2万3645haであり、91％が森林である。世帯数は1513世帯、人口3307人の小さな町である。

本町では、「風」「光」「水」「森」などの自然やそれらが持つエネルギーを使いながら自然エネルギーによるまちづくりを進めている（図4・19）。「風」については、風況の良い四国カルスト高原において風車が環境への取組の原資を生み続けている。「光」は、「風」から得た資金を活用し、太陽光発電などの機器の普及

図4・19　梼原町の環境への取組

に取り組んでいる。「水」は清流四万十川の源流域のまちとして、森が育んだ水を利用し水力発電を行っている。「森」については、豊富な森林資源を活用し、木質ペレット（固形燃料）を製造するなど循環利用を行っている。それぞれの取組について、以下に紹介する。

(1)「風」の取組

今から23年前の1999年、「新エネルギーがこれからの地球温暖化防止、石油の代替エネルギーとして十分活用できる」として、四国カルスト高原に600kW・2機の町営風車を設置し、クリーンなエネルギーを生み出してきた（図4・20）。売電した利益は、森林の整備や太陽光発電などを設置する住宅への補助金として活用してきた。現在、建替工事中だが、近年は、風車の老朽化や固定価格買取制度の終了などにより事業継続が課題となっていた。

図4・20　四国カルストでの風力発電事業

図4・21　町内での太陽光発電の普及

(2)「光」の取組

先述の風車の売電益を、自宅に太陽光発電などを設置する際の補助金として活用し、町内への普及を行っている（図4・21）。現在、設置戸数としては、170戸を超えており、町内10戸に1戸ほどの割合で普及が進んでいるところである。また、33の公共施設の屋根にも太陽光発電を設置しているが、これら「光」の事業も2001年から設置を始めているので、設備の老朽化や固定価格買取制度の終了などにより事業継続が課題となってきている。

(3)「水」の取組

町内を流れる梼原川にある落差6mの堰を利用し、53kwの町営小水力発電を設置している（図4・22）。発電した電気は、昼間は近くにある小中一貫校である梼原学園の中学校棟に、夜間は、まちなかを走る国道440号沿いの街路灯82基に供給している。また、大正時代からある農業用水路の水を利用し、3・5kwのピコ水力発電の運営を地域が始めている（図4・23）。この農業用水路は、森林セラピーロード沿いにあり、その維持管理や地域行事などの活動に売電益を充てることとしており、再エネを活かした地域活性化に資する取組になることを期待している。

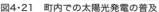

図4・22　町営小水力発電施設

図4・23　地域が運営するピコ水力発電

（4）「森」の取組

間伐材の端材など未利用材をペレット化し、固形燃料として活用することにより、森林資源の循環利用に取り組んでいる（図4・24）。

これまで、森林整備により伐採した木材は、先端と根元は、製材に適さないため利用されず、森林内に放置せざるを得なかったが、こうした未利用材を木質ペレットに加工し、化石燃料に代わるエネルギーとして活用することで、林地の荒廃を防ぎ、水を育み、そして林家所得の安定化に貢献している。

2　再エネ課題を克服する動き

こうした環境への取組を重ね、2009年に環境モデル都市に認定され今日に至るが、長年取り組んできたことで、先にも記載したとおり、①再エネ設備の老朽化、②固定価格買取制度の期限の終了により設備の維持及び再エネの取組が町全体として困難になってきた。さらに、③電力系統線の末端に位置する本町では送電網の空き容量が不足し新たな再エネ設備の設置も厳しい状況となっている（以下、①②③を「再エネ課題」という）。

図4・24　ゆすはらペレット工場

図4・25　再エネ協議会の様子

こうした状況ではあるが、「これまでの取組を継続拡大し、梼原産再エネを活用して、エネルギーや経済の循環、防災や住民の暮らしの質の向上を図りつつ脱炭素社会を実現したい」という思いのもと、住民代表や町内外の関係団体、行政からなる梼原町再生可能エネルギー推進協議会（以下、「再エネ協議会」という）を2021年5月に組織し、課題解決に向けて動きはじめた（図4・25）。再エネ協議会では、2020年度から可能性調査を行っていた地域新電力事業と木質バイオマス熱電併給事業について、さらに踏み込んだ検討をするべく調査研究を進め、脱炭素先行地域の計画策定にも携わった。

3　地域マイクログリッドの構築

本町の脱炭素先行地域の主な計画は、地域課題の解決に向け、これまで取り組んできた再エネ事業を最大限活用し、新たな基幹事業である地域新電力事業と木質バイオマス熱電併給事業を融合させた計画である（図4・26）。

先にも記載したとおり、送電網の空き容量不足から高圧の再エネ発電設備の系統連系が現時点では不可能であるため、導入する木質バイオマス発電の電力（330kW）を自営線により対象施設に供給する地域マイクログリッドを構築す

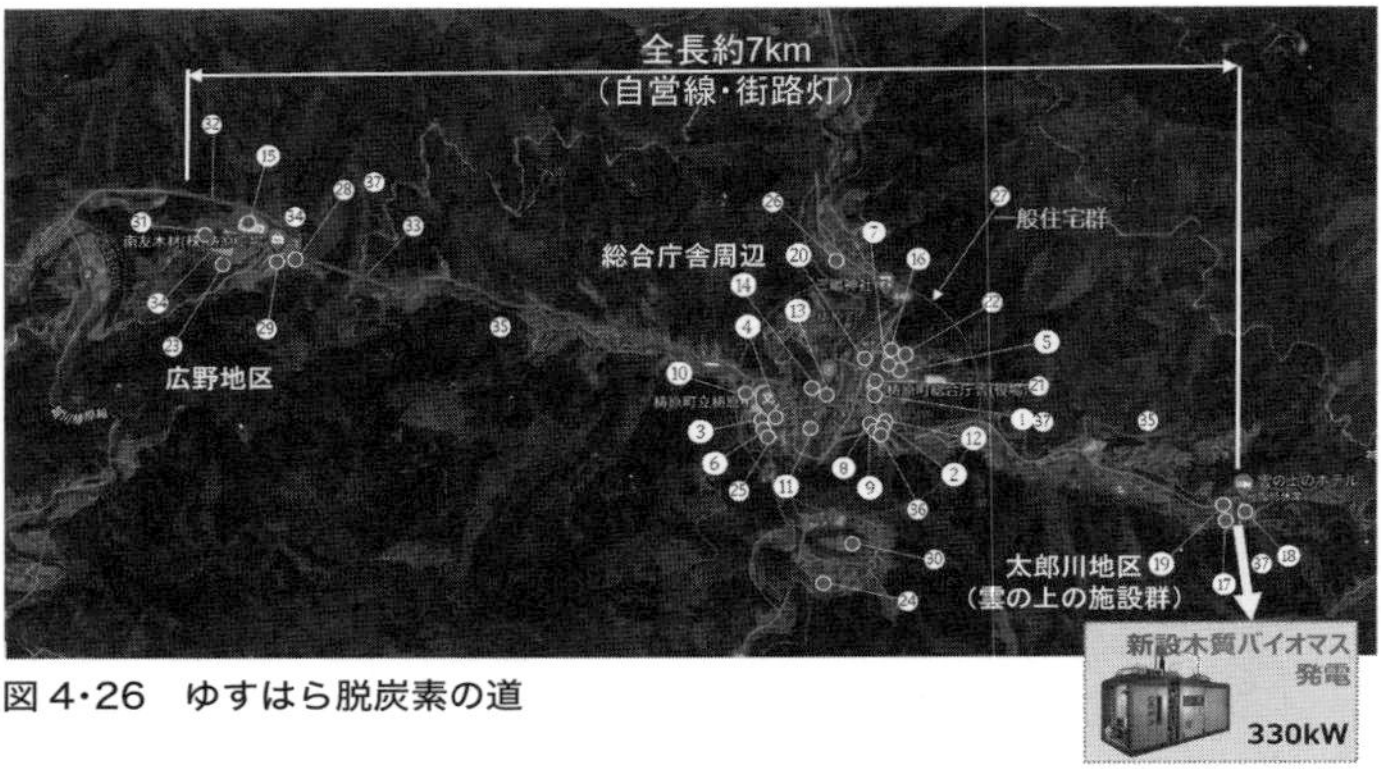

図 4・26　ゆすはら脱炭素の道

ることとした。そして導入する木質バイオマス発電の電力に加え、梼原産再エネ電力（これまで取り組んできた卒FIT太陽光発電など）を設立する地域エネルギー公社を通じてマイクログリッド内に供給し、電力消費に伴うCO_2排出実質ゼロの実現を目指すこととした。また、木質バイオマス発電による排熱をプールや温泉施設に供給することに加え、木質ペレット工場の増設などを行うこととしている。

このような取組を進め、地域エネルギー公社の設立や地域マイクログリッドの構築による新たな雇用の創出や防災力の強化、木質バイオマスの活用による計画的な森林整備や森林の多面的機能（土砂災害防止、快適環境形成機能、文化機能など）による住民の暮らしの質の向上、農林業の活性化による従事者の育成や新たな事業者の参入・地域の雇用の増加を主な効果として見込んでいる。

4　逆境を逆手に

「梼原町は、以前から再エネ事業をやっているから、うちとは違う」「梼原町のような地域資源がうちにはない」と思われる方がいるかもしれない。しかしながら、はじめから先に記載した計画の形ができていたわけではない。それぞれが点でしかなかった。

本町は、山ばかり（資源はあっても）で、平地が少なくスケールメリットを活かした大きい再エネ発電はできない。また、送電網の空き容量が不足し、新たな再エネ設備の設置も厳しい状況である。加えて脱炭素先行地域は、大きな発電規模の設備導入が要件という情報もあり行き詰っていた。

そこであらためて「先行地域」について考えてみた。確かに先駆けて環境への取組を進めてきたが、規模的にはすでに本町より大きな規模で取り組んでいる地域はたくさんある。これでは、本町は先行地域とは言えない。

だとすれば、これから再エネ事業に取り組もうとしている地域、再エネ事業に取り組んでいる地域がやがて訪れる再エネ課題の解決に先行して取り組むことが他地域のモデルになるのではないか。そして、土地柄、規模の大きな再エネ事業はできなかったが、小さい規模で多種の再エネ事業に取り組んできた。そのことも、これから再エネを導入するまたは導入している多くの地域のモデルになるのではないか、地域課題プラス（＋）再エネ課題の解決が本町の計画だと、その時、点と点がつながったように感じた。

そうしてできたのが、先に紹介した本町の脱炭素先行地域の計画である。選定結果の講評では「送電網の空き容量不足の中、自営線により山村地域の町の中心部の官民施設を対象として、地域資源を活かした多様な再エネ電気（木質バイオマス、太陽光、小水力）の供給を予定した提案であることを評価」というコメントをいただいた。

些細な気づきかもしれないが、「うちの町は、地域脱炭素の取組は無理だ」と諦めの気持ちが大きくなった時は、逆境を逆手に（開き直って）考えてみることも大事なのではないだろうか。

ゼロカーボンを地域発展につなげるためには、住民の方々の協力や理解が当然必要と考えるが、自治体もそれなりの体制を構築する必要がある。本町も専門の部署はないが、住民窓口・税・福祉のように自治体の基礎業務として、ブームによって体制が左右されることなく、どこの自治体でも必ず存在するような位置づけが必要ではないだろうか。

以上、本町の取組や脱炭素先行地域の計画などを紹介したが、地域脱炭素に取り組もうとしている方々の一助になれば幸いである。

4・6 佐渡市：EMSを活用した自立分散型の再エネ導入

佐渡市企画部 秘書広報課 課長 笠井 貴弘

1 自然豊かな国内最大の離島

皆さんは佐渡市のことをご存じだろうか。本市は、佐渡海峡を挟んで新潟県のほぼ中央の日本海上に位置し、約5万人の人口と約855㎢の面積を有しており、離島振興対策実施地域及び特定有人国境離島地域において人口・面積ともに国内最大の離島である。2004年3月1日に1市7町2村が合併し、一島一市として佐渡市となった。

島を取り巻く海岸線は約280㎞に及び、2つの航路によって両津港は新潟市、小木港は上越市と結ばれている。東京駅からは、上越新幹線で新潟駅まで1時間半から2時間、新潟駅から路線バスで15分程で新潟港佐渡汽船ターミナルへアクセスでき、高速船で新潟港から両津港まで約1時間で佐渡に到着、最短で3時間半での移動が可能である。

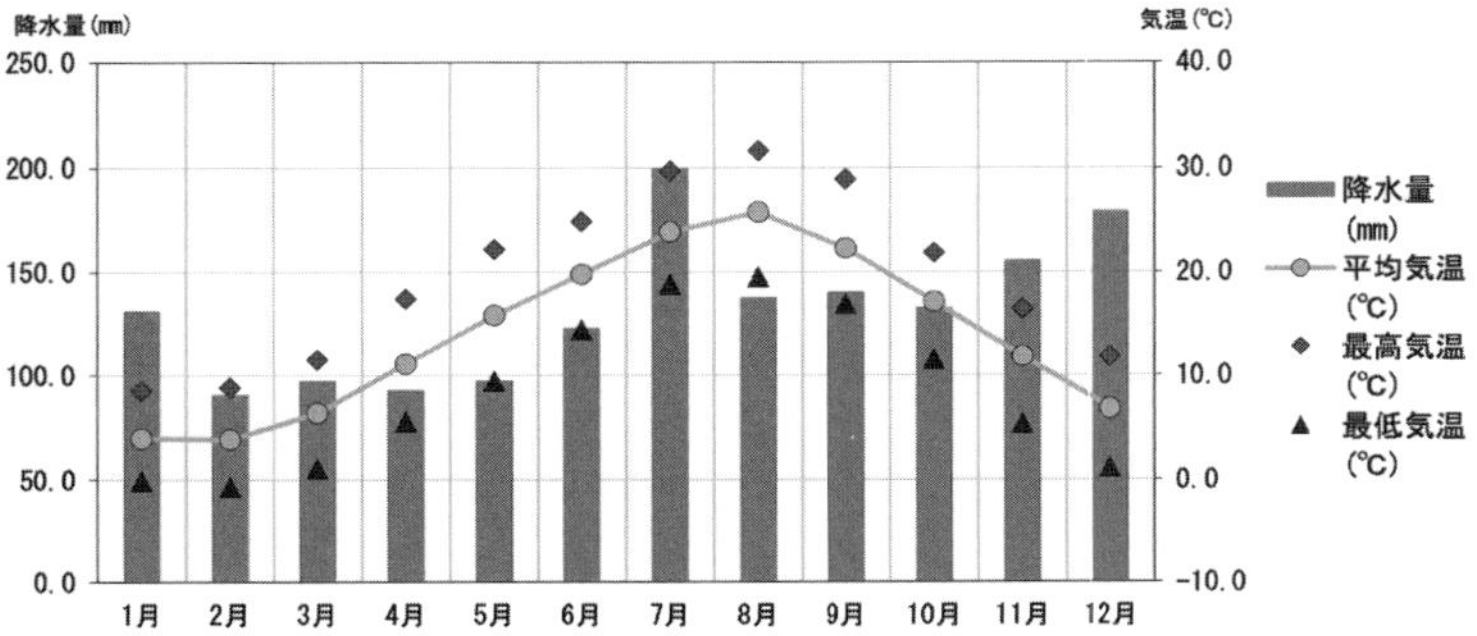

注1）平均降水量は近30年間（1991～2020年）の平均とした。
注2）参照データは気象庁HPによる観測データとし、観測地点は佐渡市相川地点を選定した。

図4・27　佐渡市の月別平均気温と降水量

島の北には大佐渡山地、南には小佐渡山地を擁し、２つの山地の間には穀倉地帯の国中平野が広がり、平野部や海岸沿い、中山間地には多くの集落が点在しており、市内全域には８００近い数の公共施設がある。市域の約80％は山林、原野、雑種地帯、約15％が田や畑などの農用地、宅地は２％程度であり、島の大部分が国定公園や県立自然公園に指定されている。また、野生復帰を果たしたトキを保護するため、小佐渡東部は鳥獣保護区及び特別保護地区として国から指定を受けている。

気候は対馬海流の影響を受け、温暖な中にも四季の変化に富んでいるが、新潟本土と比較すると冬季は暖かく、夏は涼しい。平均気温は新潟県全域よりも４月から９月では１℃程度低く、10月から３月では１℃程度高いこともあり、冬季は降雪が少ない（図４・27）。平均日照時間は11月から２月にかけて急激に減少する傾向にある（図４・28）。特に12月から１月は減少し、年間の月別日照間のピークである８月の４分の１程度となっている。また、６月から７月にも一時的に減少しているが、これは梅雨によって曇天が続いた影響と考えられる。

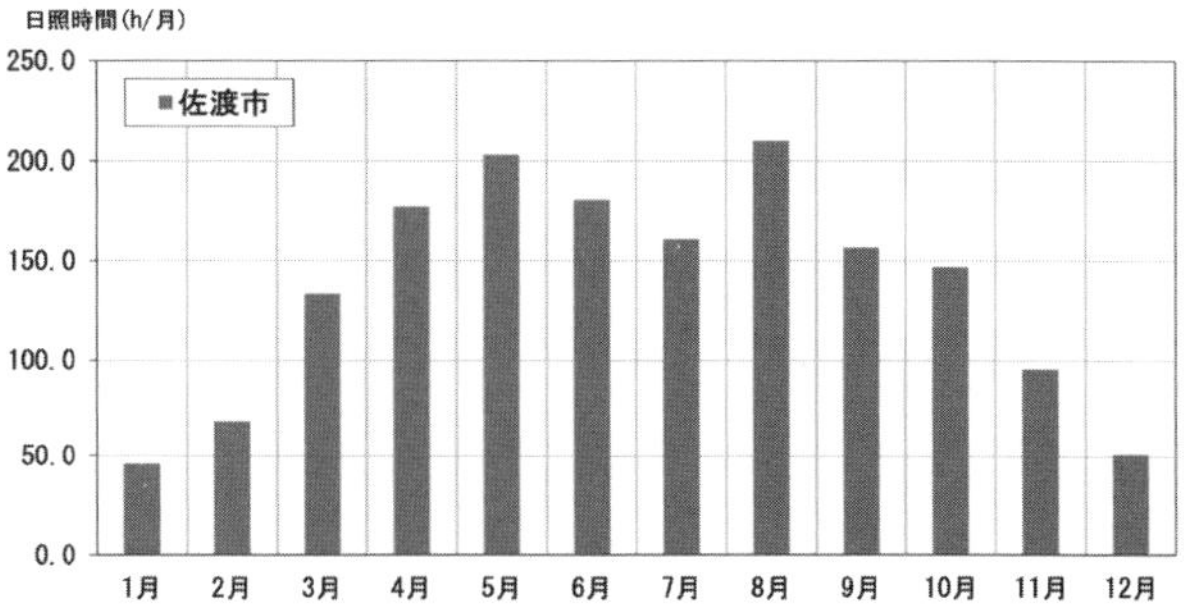

図 4・28　佐渡市の月別平均日照時間

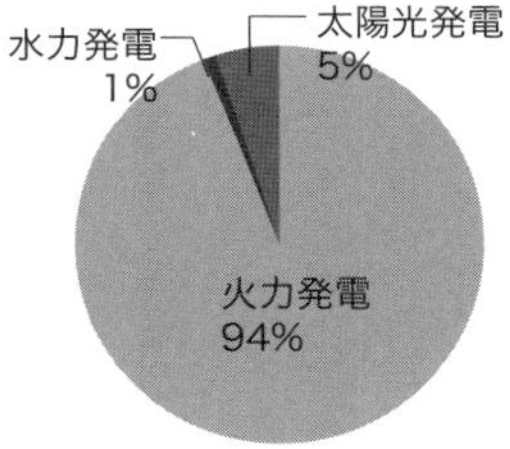

図　4・29　佐渡市の電力供給力(kW)の割合

2　島のエネルギー事情

本市は離島で本土との距離が長いために電力系統が分離され、独立した電源・送電網・電力インフラを有しており、必要なエネルギーのほとんどが島外から化石燃料が海上輸送で運ばれ、島内の電源割合の94％を火力発電（ディーゼル発電）に頼っている（図4・29）。エネルギー需要に対する再生可能エネルギー自給率は1割未満と低く、環境負荷や防災、災害復旧面での課題であり、エネルギーコスト面においても不利となっている。

市内の再生可能エネルギーの導入状況を整理してみると、固定価格買取（ＦＩＴ）制度がスタートした２０１２年以降、市町村の認定情報が資源エネルギー庁より公表された２０１５年度に55件、２０１６年度に34件の太陽光発電の導入があったが、２０１７年度から２０１９年度では20件台を推移し、２０２０年度には9件に留まっている。また、風力発電や地熱発電、バイオマス発電の導入

表4・3　再エネ導入件数及び導入容量（kW）の推移

	年度	太陽光発電（10kW 未満）	太陽光発電（10kW 以上）	風力発電	水力発電	地熱発電	バイオマス発電
導入件数	2014	216	69	0	0	0	0
	2015	252	88	0	0	0	0
	2016	274	100	0	0	0	0
	2017	293	107	0	1	0	0
	2018	315	110	0	1	0	0
	2019	336	116	0	1	0	0
	2020	344	117	0	1	0	0
	2021※	347	118	0	1	0	0
導入容量	2014	972	2392	0	0	0	0
	2015	1144	2956	0	0	0	0
	2016	1252	3139	0	0	0	0
	2017	1348	3338	0	184	0	0
	2018	1477	3373	0	184	0	0
	2019	1589	4195	0	184	0	0
	2020	1634	4212	0	184	0	0
	2021※	1648	4225	0	184	0	0

※ 2021 年度は 9 月末分までのデータを反映
（出典：資源エネルギー庁、固定価格買取制度情報公表用ウェブサイト）

は進んでいない状況であり、2021年9月末時点での再生可能エネルギーの導入容量は合計で6057kWとなっている（表4・3）。

3 温室効果ガス排出の実態

環境省が毎年度公表している市町村別の推計結果では、基準年度の2013年度のエネルギー起源CO_2排出量は55万5千t-CO_2で、2018年度の44万6200千t-CO_2と比較すると10万8800t-CO_2、19・6%削減されていることがわかる（表4・4）。2018年度の温室効果ガスの内訳をみると、民生部門（家庭）が全体の21・4%と最も多く、次いで運輸部門（貨物自動車）の20・6%、民生部門（業務）の18%となっており、民生部門における脱炭素化の推進が重要と言える（図4・30）。

現在のエネルギー供給は火力発電（ディーゼル発

表 4・4　エネルギー起源CO_2排出量の現況推計（単位：千t-CO_2）

年度	産業部門			民生部門		運輸部門				合計
	製造業	建設業・鉱業	農林水産業	業務	家庭	旅客自動車	貨物自動車	鉄道	船舶	
1990	73.0	31.9	49.9	59.6	95.9	45.6	108.4	4.8	153.3	549.4
2005	54.9	22.1	44.3	101.4	128.1	69.2	115.8	4.0	191.0	675.9
2007	37.8	14.3	42.8	102.1	114.9	66.6	113.4	4.1	91.6	549.8
2008	36.5	13.6	38.1	104.9	111.1	64.7	110.8	4.0	75.1	522.5
2009	37.4	10.2	33.3	100.6	111.5	65.7	106.3	3.8	76.1	507.3
2010	34.1	12.3	31.5	98.1	111.2	65.6	107.6	3.9	74.7	504.8
2011	35.5	16.2	31.8	114.5	120.0	64.5	103.8	4.4	80.7	535.9
2012	31.1	16.3	34.7	120.6	135.8	64.4	102.5	4.7	80.4	559.4
2013	29.2	14.0	34.1	120.1	135.9	62.2	101.3	4.7	82.6	555.0
2014	26.5	12.7	18.0	111.2	116.9	58.9	100.1	4.4	81.1	503.4
2015	21.4	12.8	19.1	93.0	108.5	57.9	98.2	4.3	83.3	477.1
2016	21.1	10.9	24.6	90.5	101.1	57.0	95.5	4.1	86.6	470.2
2017	19.3	11.2	22.1	87.2	107.5	56.1	93.4	3.9	83.2	464.6
2018	18.6	10.2	22.0	83.5	99.7	54.8	91.2	3.6	81.3	446.2

（出典：環境省「部門別 CO_2 排出量の現況推計」）

電）に依存しているが、温室効果ガス排出量の観点において石油火力は、電源種別ライフサイクルCO_2排出で石炭火力に次ぐ2番目の排出量となっている。石油火力を再生可能エネルギーに転換していくことは、温室効果ガス排出量を効果的・効率的に削減していく有効な手法であり、電源の多様化によってエネルギーセキュリティの向上も見込める。

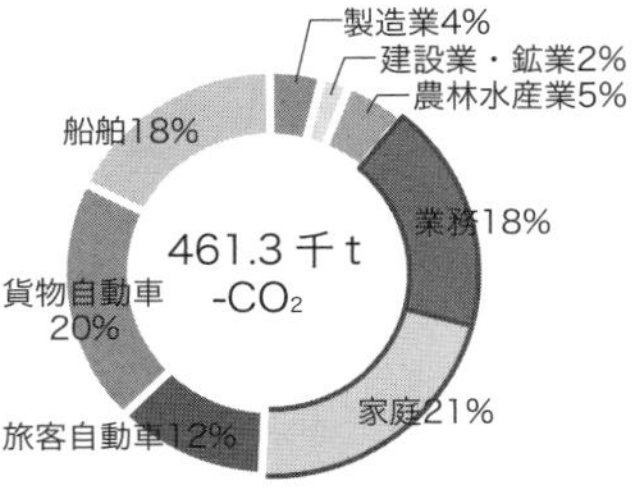

図4・30　エネルギー起源の温室効果ガス排出量の内訳（2018年度、単位：t-CO_2）

（出典：環境省「地方公共団体実行計画（区域施策編）策定・実施マニュアル（算定手法編）（Ver1.1）を参考に現況を推計）

4 自立分散型の電源確保と電力の見える化

火力発電に依存した電源構成、温室効果ガスの大量排出は離島特有の構造的な課題と言える。四方を海に囲まれているため、原料・資材などの調達に時間やコストなどで不利な状況であるほか、本土から独立した電源系統でエネルギー自給率が低いことから、災害などで燃料供給が断たれた場合、また、大規模な地震が発生し、津波などによって海岸部に立地する火力発電所の機能が停止した場合には島内の電力を喪失する危険性がある。

環境リスクを低減させ、島全体に広がる生活圏域における市民の命と暮らしを守るため、離島特有のエネルギーの災害脆弱性などを踏まえ、市役所や支所・行政サービスセンター、消防署、指定避難所などの防災上重要な公共施設を中心に再生可能エネルギー及び大規模蓄電池を導入する。また、DR（デマンドレスポンス）を組み込んだEMS（エネルギーマネジメントシステム）を構築することにより、自立分散型の電源確保と電力の見える化を図ることで、国内最大の離島である本市において脱炭素先行地域の「離島佐渡モデル」を実現し、その成功事例を他の離島地域へ水平展開させたいと考えている。

5 これまでの取組と次のステップ

本市は2005年に環境基本条例を制定し、環境基本計画に基づき、トキの野生復帰の実現に向けて、餌場となるビオトープや営巣地となる森林を一体的に整備するほか、レジ袋の有料化やマイバックの普及展開、イベントごみの減量化などの廃棄物の循環的利用と適正処理などに取り組んできたが、施設が小さい系統規模であることやコスト・採算面などでの課題も多く、不安定な再生可能エネルギーの導入はなかなか進まなかった。

しかし近年、パリ協定やSDGsといった持続可能な社会に向けた世界的な潮流として気候変動問題への意識の高まりが進んでいることに加え、新潟県が「自然エネルギーの島構想」を公表し、離島のエネルギー転換と脱炭素化に向けた取組を主導している。その動きが後押しとなり、本市は2020年に「ゼロカーボンアイランド」を宣言し、太陽光発電をはじめとした再生可能エネルギーの地産地消により、CO_2の実質排出量ゼロを目指すこととした。

このような背景の中、本市は2022年4月に第1回目の環境省の脱炭素先行地域に、5月には内閣府のSDGs未来都市に選定された。地域循環共生圏の実現、具体化・加速化に向けて、以下の社会を目指し、産官学金連携で取り組んでいる。また、次のステップとしてネイチャーポジティブの考え方を取り入れた佐渡の未来づくりを進めている。

①再生可能エネルギーの導入拡大により地域経済の循環を創出する「脱炭素社会」
②人材・外貨獲得と島内循環で付加価値化を図る「人材創出社会」
③自然資源や生態系サービスにより地域経済を活性化させる「生物多様性社会」
④佐渡独自の多様な歴史・文化・自然などを活かした交流促進や文化保全につなぐ「歴史文化継承社会」

6　3つの課題と事業展開の特徴

本市の脱炭素先行地域の計画「離島地域におけるEMSを活用した自立分散・再生可能エネルギーシステム導入による持続可能な地域循環共生圏の構築」（図4・31）について、改めてここで説明したい。

本計画の全体像は、防災力強化と地域の脱炭素化を目指し、佐渡全域における官民の防災・観光・教育施設125施設（公共施設117施設、その他8施設）の屋上や駐車場などを活用し、太陽光発電設備や蓄電池を導入していく。また、生活圏域があり、主要な防災拠点となる合併前の旧市町村10地区の公共施設（特に市役所や支所・行政サービスセンター）を中心に再生可能エネルギーを最大限導入し、大型蓄電池を配置して、これらの施設群のネットワーク化によりエネルギーの一元管理を行うものである。

同時に耕作放棄地などを活用したオフサイトの太陽光・木質バイオマス発電の導入に向けて取り組んでいくほか、公用車やレンタカーのEV化、グリーンスローモビリティによる地域交通のシェアリングサービス、再エネ100％のEVステーションの整備などにも取り組む。

また、「離島における防災・観光・教育関連施設のエネルギーの一元管理によるエネルギー融通及びレジリエンスの強化と地域経済の強靭化」をコンセプトに次の3つの課題に対し、8つの特徴を柱に事業展開を図るものである。

3つの課題

(1) 離島特有の災害脆弱性に対応した分散型電源の確保及びEMSの構築
(2) コロナに起因する観光客数低下に対応した産業機能強化とトキブランドに続くゼロカーボンブランドの構築
(3) 再エネ利活用や脱炭素化の促進に向けた2030～2050年を担う若年層を中心とした意識改革

8つの特徴

(1) 地域ごとの防災拠点への大規模蓄電池配置とネットワーク化

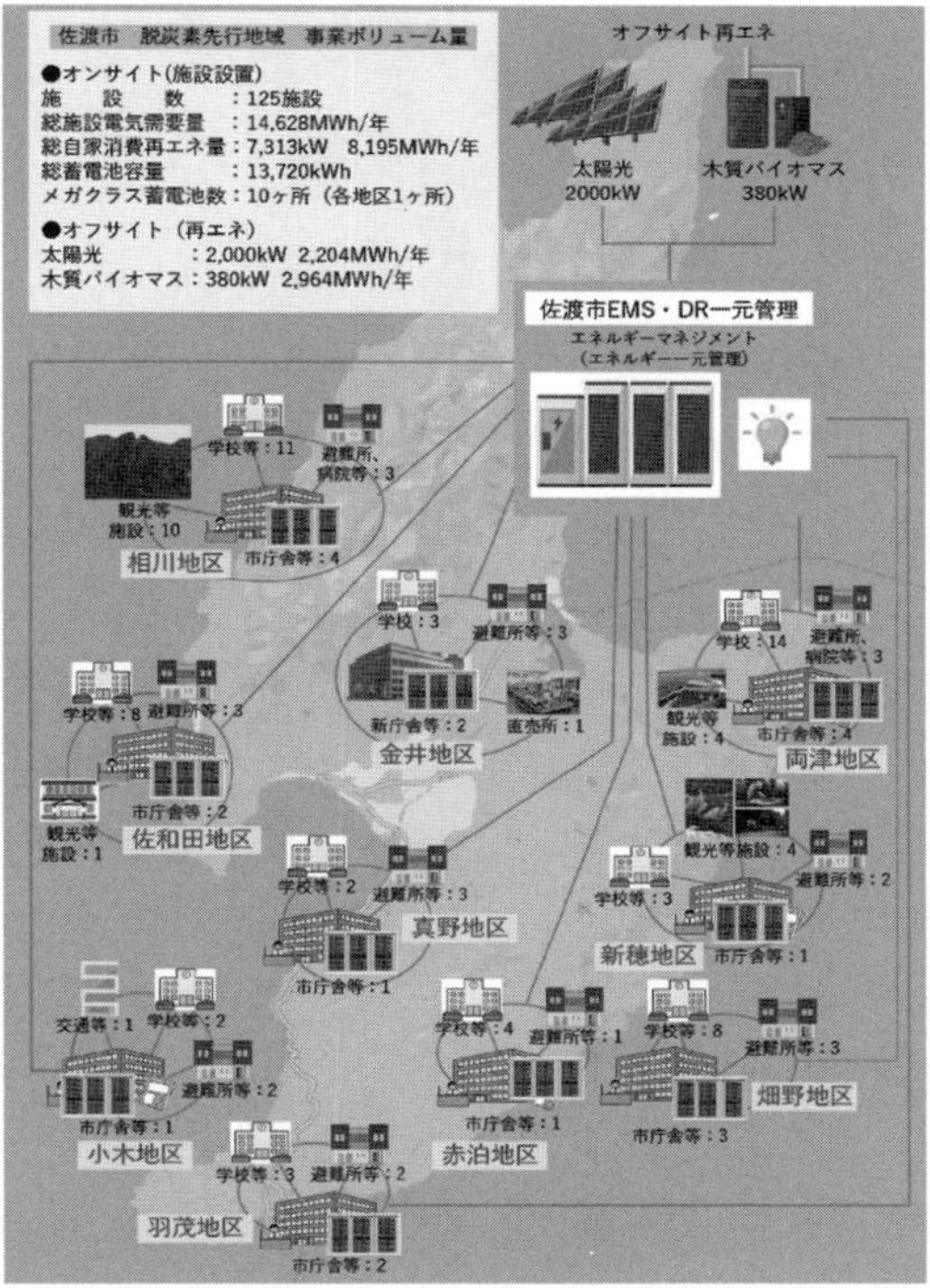

図 4・31　脱炭素先行地域の取組概要

(2) DRを組み込んだEMSによる一元管理再エネ最大活用
(3) 自家消費再生可能エネルギーの積極・最大限導入
(4) 脱炭素化による観光ブランディングの展開
(5) PPAモデル開発や滞在型サービスなど、新産業育成
(6) 木質発電やソーラーシェアリングによる農林業活性化
(7) 脱炭素化による環境教育・環境意識の醸成

(8) ゼロカーボンチャレンジによるコミュニティ創出・活発化

これらを複合的、一体的に取り組むことで、①市民生活の質の向上・ウェルビーイング実現、②脱炭素化を契機とした関連産業の振興、③災害に強い地域づくり、④移住・二地域居住、交流人口・関係人口の拡大、⑤市民が一体となった脱炭素化の活発化にも期待できると考えている。

7 脱炭素先行地域における取組

(1) 対象とする地域の概況

佐渡市内全域を対象として施設群を選定したのは、前述したように島の平野部や海岸沿い、中山間地には多くの集落が点在し、旧市町村単位で生活圏があるため、数多くの公共施設を保有している現状を踏まえたものである。そこで、今後も市民の暮らしと密着し、再エネ導入に着手しやすく、エネルギーの一元管理もしやすい公共施設からリードしていくかたちを選択した。エネルギーの一元管理にあたっては、①エネルギー関係事業者、②産業界及び金融機関の関係者、③事業推進に向けて専門知識を有する者、④関係行政機関の職員で構成する脱炭素推進会議を中心に、具体的な仕組みなどについて議論を進めていく。

また、対象とするエネルギーの需要は125施設が民生部門であり、そのうち市の公共施設については、市役所や消防庁舎、小中学校などで、廃止等を予定している施設を除く防災・観光・教育関連施設の100%を

表4・5　エネルギー需要家の概要

地域課題	施設区分	施設分類	施設数	電力消費量(kWh)	備考
防災	公共施設	市庁舎	14	2,534,933	
		県庁舎	1	267,004	
		消防庁舎	6	524,858	
		指定避難所	20	1,723,933	
		病院	2	828,360	
		高齢者福祉施設（入所施設）	3	934,406	
		交通事業者	2	661,094	
観光	公共施設	観光施設	11	715,033	
	公共施設外	観光施設	1	281,000	
		宿泊施設	4	1,096,720	
		大規模直売所	1	524,370	
		交通事業者	2	168,371	
教育	公共施設	小・中学校	32	2,803,849	全て、指定避難所を兼ねる
		幼稚園・保育園	19	547,517	
		給食センター	7	1,016,939	
合計			125	14,628,386	

※民間施設の一部のみ推計。その他の施設はアンケートなどにより実態を整理。

対象としている。これら施設の電力消費量は約1463万kWh、うち公共施設分が約1256万kWhである（表4・5）。これは2019年3月に策定した佐渡市地球温暖化対策実行計画（事務事業編・第3期）における市の事務事業に伴う電気の47・8％を占める。電気以外の燃料では、給湯や空調などにおいて灯油や重油、LPGなどを使用している。

⑵ 再エネ導入のポテンシャル

脱炭素先行地域の提案において、本市全体の再生可能エネルギーの導入ポテンシャルは、電気で約1007万MWh、施設群のオンサイトに設置できる再エネは住宅用の太陽光、公共系・工場・未利用地の太陽光であると考え、最大で約36万MWhと試算した。オフサイトでの導入に関しては、太陽光、中小水力、陸上風力、木質バイオマスなどが考えられるが、現地状況から中小水力は設置が難しく、陸上風力はトキの生息に影響を与える可能性があることから、農地などへの太陽光や木質バイオマスが有効であり、最大で約824万MWhと試算した。

また、施設群のオンサイトによる太陽光発電は、航空写真や現地確認などによって施設の屋根の形状や材質などから太陽光発電設備の設置可能面積を計測し、出力が約7千kW、年間発電量を約8千MWhと試算した。一方でエネルギー需要家各施設において既に設置されている太陽光発電設備は11か所あり、合計出力約180kW、合計年間発電量は約20万kWhである。

太陽光発電設備の導入にあたっては、PPAモデルを積極的に活用していく予定である。2023年中に完成予定の市役所本庁舎をはじめ、支所・行政サービスセンター、消防庁舎などの公共施設18施設を対象としたPPAモデルのプロポーザルを実施し、事業者を選定して進めている。東北電力ネットワーク㈱が事業主体となり、予定出力1500kW、年間発電量約165万kWhのメガソーラーの建設も進んでいる。

8　生物多様性が育む離島の今後

島にはトキの野生復帰や佐渡金銀山が育んだ歴史・文化をはじめとした豊富でポテンシャルを秘めた地域資源が残っている。現在500羽を超えるトキが生息し、環境のシンボルとして人々の暮らしに溶け込み、豊かな自然の中で成長している。トキとの共生を目指し、田んぼの生態系に配慮した生きものを育む農法の取組や棚田などの美しい景観、昔から受け継がれている伝統的な農文化が評価され、2011年6月には日本で初めて世界農業遺産（GIAHS）に認定されている。特にトキの野生復帰を契機にスタートさせた「朱鷺と暮らす郷づくり認証制度」は、米の生産にあたり、農薬や化学肥料を極力使用せず、年2回の生きもの調査などを義務付ける生産者にとって厳しい仕組みであるが、今は島の中で定着し、官民連携の佐渡トキ応援お米プロジェクトによる募金総額は約3千万円となるなど、朱鷺認証米への理解が深まり、地域経済にも貢献している。

一方、世界では、気候関連財務情報開示タスクフォース（TCFD）に続く、自然資本などに関する企業のリスク管理と開示枠組みを構築するために設立された国際的組織、自然関連財務情報開示タスクフォース（TNFD）が立ち上がり、前述した「ネイチャーポジティブ」をめぐる議論が加速している。

ネイチャーポジティブとは、生物多様性の減少傾向を食い止め、自然をプラスに増やしていくことを指すが、2030年までの達成が国際的な目標になっており、この考え方を島のビジネスや施策の実践に活かしていくことが地域発展につながるポイントになると考えている。そのため、これらのキックオフイベントとして、2022年10月に「ネイチャーポジティブシンポジウム」を開催し、有識者による講演や島内外のステークホルダーが集まり、議論を重ね、佐渡市長が「ネイチャーポジティブ宣言」を行った。12月にカナダのモントリオールで開かれた生物多様性COP15に本市も参加し、島のネイチャーポジティブ、生物多様性が育む島の環境経済の戦略について力強く発信してきた。

今後の再エネ導入に向けては、太陽光パネルを公共施設などの電源として確保するだけではなく、木質バイオマスの活用に加え、下水道施設の汚泥やごみ焼却施設の熱利用など、ベースロード電源確保による安定供給の仕組み、エネルギーのベストミックスで進めることが重要である。そのためには有識者や専門家などの知恵、

図4・32　佐渡版の地域循環共生圏のイメージ

島内外の民間活力が不可欠であるため、これらのネットワークづくりにも力を注ぎたい。

人が豊かにトキと暮らす里山里海文化を未来へ継承し、真の「ゼロカーボンアイランド」となって、地域の発展へとつなげていくために、佐渡の取組が離島モデル、地域循環共生圏、自立・分散型社会の佐渡モデル（図4・32）として、全国的にも世界的にもリードできる存在、地域でありたい。

第５章

地域における ゼロカーボンシナリオのつくり方

㈱イー・コンザル　榎原　友樹

菅首相（当時）のリーダーシップではじまった地域脱炭素ロードマップや脱炭素先行地域といった国主導の取組に加え、地方自治体からボトムアップでの脱炭素化に向けた動きも大きくなりつつある。環境省では「2050年にCO_2を実質ゼロにすることを目指す旨を首長自らがまたは地方自治体として公表された地方自治体」をゼロカーボンシティと位置づけ、同省のホームページ上で公開している[※1]が、2022年10月31日現在、797自治体（43都道府県、465市、20特別区、230町、39村）が登録されており、該当する自治体の人口は1億1933万人に上るなど、ゼロカーボン宣言競争ともいうべき様相を呈してきている。

ところが、自治体の現場に足を運ぶと、ゼロカーボンシティ宣言は行ったものの、具体的な実現戦略はこれからといった地方自治体も多く、担当者は頭を抱えている。旗印としてのゼロカーボンシティをいかに実現していくかの戦略づくりはこれからといったところだ。

筆者は、これまで国や地方自治体の脱炭素化の戦略づくりに20年近く携わってきた。本章では、筆者のこれらの経験をもとに地域におけるゼロカーボンシナリオ策定の考え方と課題を挙げ、今後に向けたより良い活用方法についても提案したい。

5・1 ゼロカーボンシナリオの果たす役割

未来を少しでも知ることができれば、未然に危険や失敗を回避でき、望ましい社会をつくることができる。

したならば、ある研究者が「平均的な専門家の予測の正確さは、チンパンジーが投げるダーツとだいたい同じぐらいである。[※2]」と評したように、一般に複雑な事象が絡み合う未来予測は極めて難しい。

とりわけここ数年を見ても、コロナによるロックダウン、ロシアのウクライナ侵攻、急激な世界的インフレと円安など、少し前まではほとんど誰も想像もできなかった劇的な変化が次々と起こっている。社会を構成する個別の要素については論理的な推計ができたとしても、様々な要因が複雑に絡み合う現代の社会において、社会全体の将来像を見通すことは、2050年はおろか、数年先ですらも、ほとんど不可能と言っていい。

では、私たちはこの不確実で予測できない未来について、どのようにゼロカーボンへの戦略をたてればいいのだろうか？　その答えの有力な候補の一つがシナリオアプローチにある。

シナリオとは将来社会のこうした不確実性を受け入れた上で、将来起こりうる社会の姿をある程度の「幅を持った可能性」としてとらえ、将来の目標年までにどのような行動を起こすべきかを考える手がかりにしようとするアプローチである。様々な主体の行動や政策や技術の移り変わりがどのように社会に影響を与え、どういう結果を導きうるのかを、それぞれの社会要素の因果関係に注目しながら整理すると、少なくとも「現時点の情報で最善と思われる選択」ができるかもしれない。未来予測としての正確さに時間を費やすのではなく、「もしこうなったら」を想定しながら試行実験を繰り返すことで、自分の取るべき行動を「選択」していく。それこそがシナリオを検討し、策定する意義であろう。

ゼロカーボンシナリオの場合、将来の不確実性に対する対応という考え方に加えて、将来の特定の時点における当該地域の温室効果ガスの排出量と吸収量を均衡化させるという、達成が容易ではない政策目標が必達条件として加えられる。こうした排出削減目標を柱にしつつ、それぞれの地域が目指したい将来のある時点の社会像を「ビジョン」として掲げ、そこに至るまでにどのような取組が必要かを具体的に検討するプロセスが一般に取られる。このように、まずはありたい社会像を定めた上で、現在まで遡って必要な取組を模索するシナリオアプローチを「バックキャスティング」という。

難しそうに聞こえるが、何も特別なことはない。大学受験の時に合格という目標を掲げ、科目ごとに目標とする獲得点数を掲げて勉強を進めたことがある人もいるだろう。あるいはダイエットとして目標体重を決め、毎日体重を計測しながら、食事や運動の量をコントロールする人もいるかもしれない。まずはありたい姿（ビジョン）を定め、定量化し、そこに向かって努力するやり方は、私たちは日常的に行っているのだ。

脱炭素化は長期的かつ大きな社会変革を伴う計画である。脱炭素化のために必要な方向性を定め、その社会変革を実現するための人材と資金を適切に投入していくゼロカーボンシナリオには、こうしたバックキャスティングによる計画・戦略に基づいて政策導入をしていくことが不可欠である。

逆に、様々な主体の行動とシナリオが示す将来社会との間の因果関係をほとんど理解せずに、シナリオの分析結果だけを見てもほとんど意味をなさない。シナリオ構築の目的である「具体的な行動の選択」につながらないからだ。にもかかわらず、国の「地域温暖化対策計画」で示される部門別の削減率を単純に地域の排出量にかけ合わせただけのシナリオや、環境・エネルギーの専門家やコンサルタントなどに委託したシナリオを、そのまま採用してしまう自治体のなんと多いことか！

もちろん、専門家の知恵を借りることは重要である。しかし、多少推計方法が乱暴であっても、地域の情報をかき集め、様々な人の意見を聞き、今とれる対策と将来へのインパクトについて、脳みそに汗をかきながら考えてつくる。こうした、プロセスこそがシナリオアプローチの真骨頂なのではないか。このプロセスさえあれば、シナリオどおりにいかなかった場合に、いつでも柔軟に修正でき、修正する過程で骨太の戦略となる。そもそも最初からシナリオどおりにいくはずはないのだから、シナリオの道筋から逸れ、社会背景などの前提条件が変わった時点でまた新たな戦略へと修正すればいい。その時は最初のシナリオ策定時の失敗が経験に代わるだろう。まずはそれぐらいの気持ちでゼロカーボンシナリオの策定に挑んでみてはどうだろうか。

5・2 ゼロカーボンシナリオ策定の実践

さて、前置きはこれぐらいにしておき、そろそろ具体的なシナリオ策定の実践に移りたい。細かな計算方法などについては、まず環境省の「地方公共団体実行計画策定・実施支援サイト[※3]」に一通り必要なマニュアルやツールが揃っているので、ご存じない方は、アクセスしてみてほしい。

数年前に比べて、環境省のゼロカーボンシナリオ策定のためのマニュアルやツール類は驚くほど充実した。図5・1は、環境省のマニュアルに示される脱炭素シナリオ作成の流れを示した図である。エネルギーや経済関係の統計を扱った経験が不十分な方であれば、理解するまでの一定の時間はかかると思われるが、これらをしっかりと精読すれば、推計自体は経験がなくても十分に可能である。

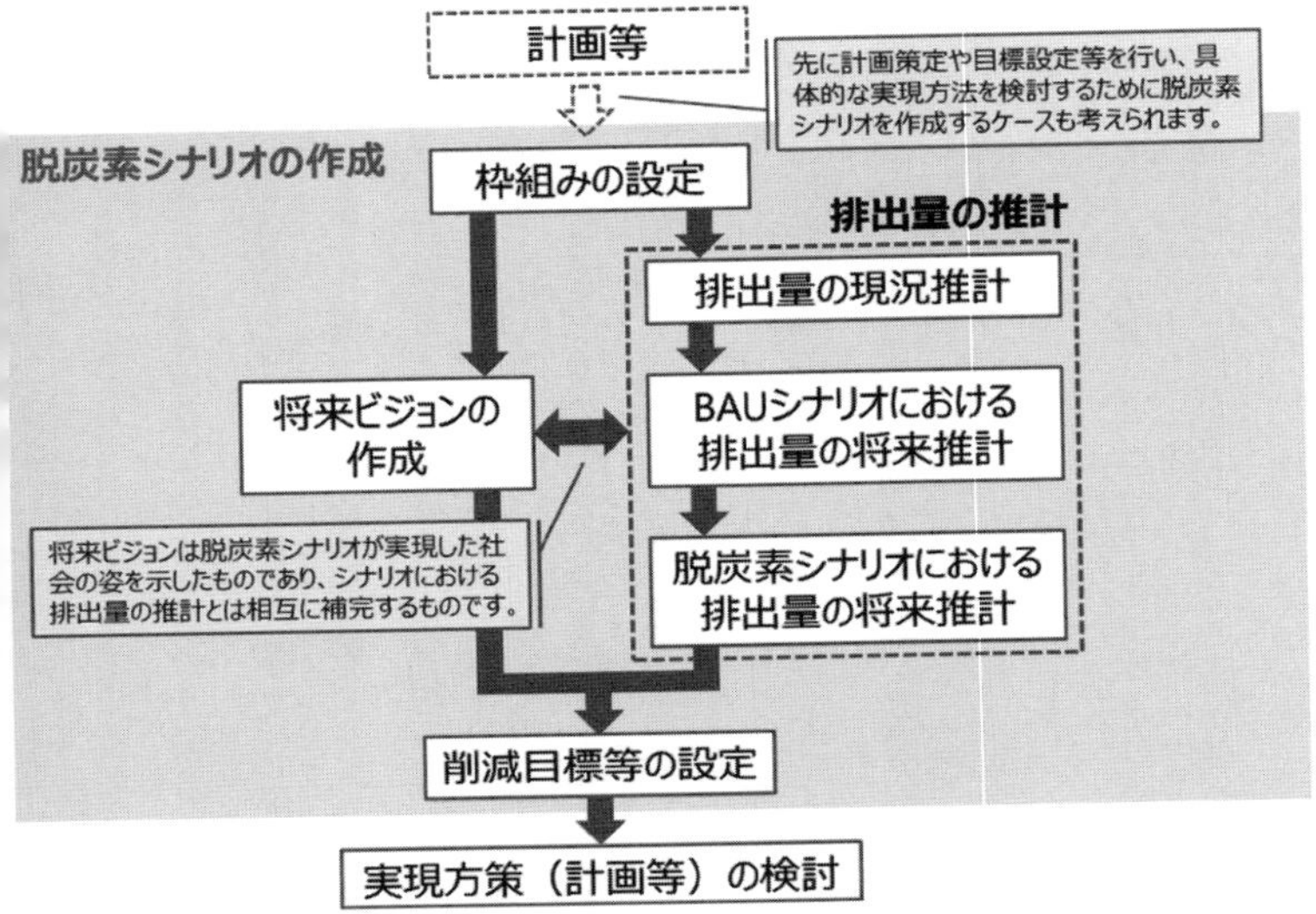

図 5･1　ゼロカーボンシナリオの策定方法（出典：環境省「地方公共団体における長期の脱炭素シナリオ作成方法とその実現方策に係る参考資料（Ver1.0)」2021※4）

そこで本章では、ここでは推計の細かなテクニックである個別の要素は一旦脇に置いておいて、CO_2排出量の推計の基本的な考え方の説明と、推計時に活用できる有効な補助ツール・統計資料の紹介に力を入れたいと思う。

1　CO_2排出量の推計の基本的な考え方

私たちは日々の生活や経済活動を行う様々なシーンでエネルギーを消費する。自家用車でガソリンを消費する、オフィスのエレベータで電力を使う、暖房用に石油ストーブを使うといった具合にだ。

日本の場合、温室効果ガス排出量の約90％がCO_2でありその大部分がエネルギー起源のものである。[※4] ゼロカーボンを図るためにはこの主要な温室効果ガスであるエネルギー起源のCO_2排出量を限りなくゼロに近づけなくてはならない。メタン

（CH_4）や一酸化二窒素（N_2O）など他の温室効果ガスの削減や吸収策もゼロカーボンには不可欠だが、本書では主要な温室効果ガスであるCO_2に限って話を進めたい。

ひとくちにCO_2といっても、その排出形態は多種多様である。こうした複雑な社会全体の排出構造をよりよく理解するために、しばしば「要因分解」という方法が使われる。

図5・2は、私たちの経済活動を支えるために、様々な形でエネルギーが消費され、そのエネルギーの消費に伴ってCO_2が排出されていることを模式的に示している。その下に記載されている式部分は、先ほどの模式的に示した概念を数式に置き換えて表現したものである。左辺の各項について解説していく。

第1項の活動量とは、文字どおり様々な部門（家庭、業務、産業、運輸など）の経済活動の量・規模を表す。具体的には人口・世帯数、従業員数、産業生産額、輸送量などの指標である。人々のエネルギーの使い方が現在と変わらず、省エネなどの技術革新も起こらないと将来を仮定した場合、人口が単純に増加すればエネルギーの消費量はその分増加するだろう。同じく産業部門でも素材などの生産量が増えれば、その分必要なエネルギーの消費量も増える。このように各主体の活動量の変化はエネルギーの消費量、ひいてはCO_2排出量の増減に直結する。

第2項は、活動量当たりのエネルギー消費量（「エネルギー消費原単位」と呼ばれる）であり、わかりやすく言えばエネルギー効率を表す。例えば家庭内で使用される家電製品の高効率化が進めば、エネルギー消費量は低減されるだろう。自動車の燃費改善もこの項の改善に寄与する。また、産業部門では、生産のための省エネ技術が進展すれば、同じ生産量の素材を製造するためのエネルギーはその分低減し、CO_2の削減につなが

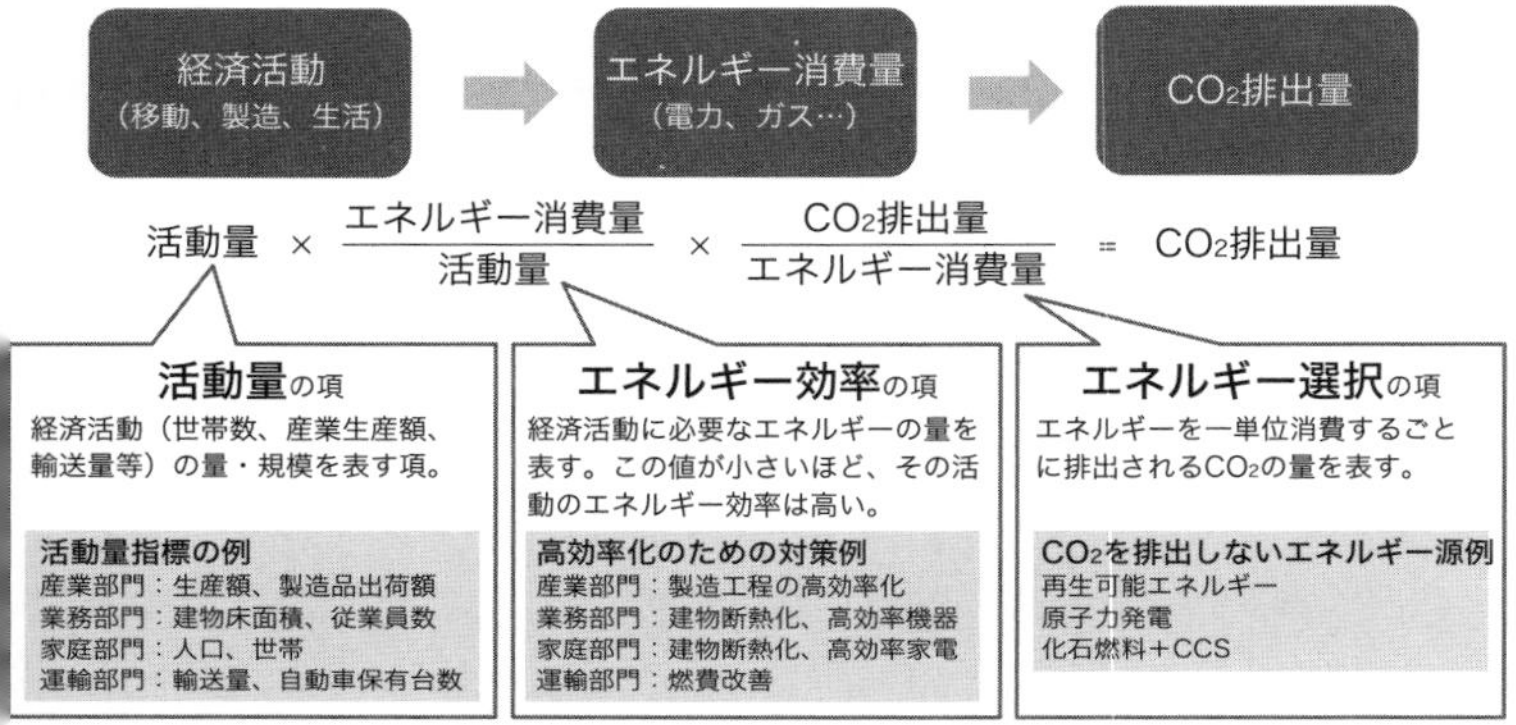

図 5・2　要因分解法によるCO_2排出構造の分解イメージ

ることになる。

第3項はエネルギー選択に関わる項である（「CO_2排出原単位」と呼ばれる）。同じエネルギー量であっても、どの燃料を使うかによってCO_2の排出量は変わってくる。再生可能エネルギーや原子力発電は、エネルギー使用に伴うCO_2排出量はゼロとなる。こうしたエネルギー源の占める割合が高くなれば排出量は低減可能となる。

さて、最終的に排出量をゼロにするという観点から改めてこの式を見直すと、3つの項のうちどれか一つをゼロにできればCO_2の排出量をゼロにすることが可能だとわかる。ただ、第1項は活動量そのものであるため、ゼロ化は無理であるし、そもそも活動量を低減させたくはないだろう。第2項はCO_2排出削減には大きく貢献する重要な項だが、やはりどれほどエネルギー利用の高効率化を進めようとも、活動に関わるエネルギー消費をゼロにはできない。では、第3項はどうだろうか。この項は、理論的にはゼロにすることが可能である。当たり前の話だが、原則としてゼロカーボンシナリオを描く場合は、最終的に使用できる燃料はすべてCO_2を排出しないエネルギー源としなければならないことを念頭に置く必要がある。排出量をゼロにするためのエネルギー源としては、現時点では太陽光発電や風力発電、バイオマスなどの再生可能エネルギーか、原子力発電か、はたまた化石燃料を使用しつつ、排出されたCO_2を回収・分離するCCS技術を使うかのいずれかの選択肢に限られる。現実的に地域レベルで考えると、扱えるエネルギーとしては再生可能エネルギーが中心になるため、地域のゼロカーボンシナリオでは再生可能エネルギーをいかに活用するかが大きな焦点になるのである。

2 温室効果ガスの排出構造を把握する（現況推計）

将来の排出量を推計する前に、現在及び直近数年間の地域内の排出構造を徹底的に調べ上げること(以下、「現況推計」という）が重要である。どの分野が最も排出量が大きいのか、エネルギーの消費は増えているのか、減っているのか、近隣自治体と比べて排出量は大きいのかなどを分析しながら、現在の排出構造を把握するのである。都市部、工業地帯、ベッドタウン、農山漁村、離島など、都市の大きさや主要産業によって排出量の特徴は大きく異なる。排出構造が異なれば力を入れるべき対策も変わってくる。

地域でゼロカーボンシナリオを策定しようとする方は、少なくとも直近数年間について、排出量の増減の要因分解をした上で、それぞれの要素の変動を確認してみてほしい。排出量の変化が、活動量によるものなのか、エネルギー利用の高効率化が進んだのか、はたまた供給される燃料の構成比が変わったからなのかなど、直近のトレンドがよく理解できるはずである。

表 5・1　現況推計の方法論

	案分法（簡易的な方法）	積上法（詳細な方法）
推計方法	全国や都道府県の排出量を部門ごとに活動量で按分	実績値を用いる（電気やガスの販売量など）
情報源	統計など公開データから算出可能	事業者へのヒアリングなどからデータを得る必要
進捗管理	都道府県で平均化されるため区域独自の効果が反映されにくい	区域の排出量を正確に算出でき、対策効果がはっきり表れる

なお、現況推計には、全国や都道府県のエネルギー消費量や排出量を部門ごとに活動量で案分して推計する簡易的な方法と、区域の実績値をヒアリングやアンケートなどで積み上げて詳細に調べる方法があり、それぞれメリットとデメリットがある（表5・1）。

推計の正確性や、区域の対策効果の観測という観点では、もちろん丁寧に現場の情報を収集する積上法が望ましいが、そのためのコスト（調査費用と時間）は一般に膨大になる。推計の正確さにこだわってそこにコストをかけすぎてしまい、具体的な削減対策のためのコストを圧迫するのは本末転倒であり、特に十分な調査費用を持たない地域を対象とする場合は、精緻さを追い求めすぎずに、大まかな排出量の傾向をつかむことに注力することが重要である。

3　地域の再生可能エネルギー資源の確認

次に、地域の内で活用できるエネルギー供給源の確認が必要である。必ずしもすべてのエネルギーを地域内で賄う必要はないが、ゼロカーボンを謳う以上、地域の再生可能エネルギーでどれぐらいのエネルギーを自給できる可能性があるのか、どのようなエネルギー源のポテンシャルが大きいかを把握することは重要である。後述のツー

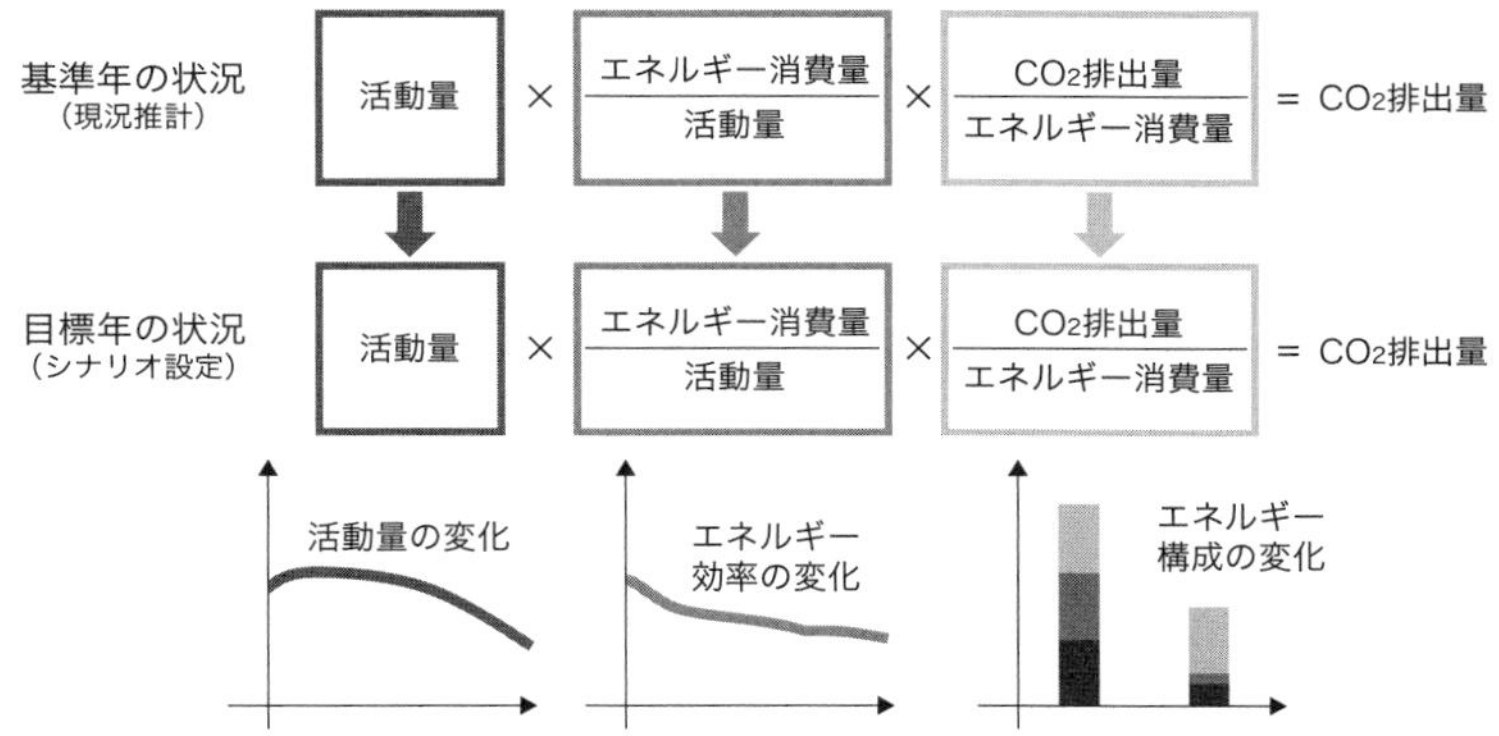

図5・3　将来推計のイメージ

ルを使えばこうしたポテンシャルの把握は容易にできる。また、地域内の廃棄物処理施設で発電が行われている場合は、その電力が現在どのように活用されているかも把握しておくことが望ましい。

4　将来シナリオを作成する

では、いよいよ将来のCO_2排出量の推計に移ろう。この場合も、先の要因分解がヒントになる。非常に乱暴な言い方をすれば、部門別にそれぞれの項について、現在からどのように変化するかを想定すれば、将来の排出量が計算できる（図5・3）。

例えば第1項である「活動量」は自治体や研究機関が公表している人口予測・世帯数予測が使えるし、産業部門では国の計画などを参考に年率X%の成長率などの仮定をおいてもいい。第2項は、「エネルギー効率」も同様に過去のトレンドなどを参照しつつ、効率改善の程度を想定することができる。第3項の「エネルギー選択」では、地域の再生可能エネルギーのポテンシャルと、将来に予測されるエネルギー需要を見比べながら、将来のエネルギーを想定することで大まかな排出量の計算ができる。

BAU（Business as Usual）と呼ばれる、対策導入前のシナリオを検討したければ、エネルギー効率やエネルギー選択を現状と変化させずに活動量だけを変化させてもいい。直近のエネルギー効率の改善率などをBAUシナリオに組み込んでもいいだろう。

ゼロカーボンシナリオの場合は、それぞれの分野ごとに対策技術の導入量、導入によるエネルギー消費効率の改善、投入されるエネルギー源などを計算し、社会全体として必要な一次エネルギーの量を算出することで、CO_2排出量が計算される。

部門数やエネルギーの種類が増えるほど、実際の計算数は増えるが、基本的な構造はこの単純な掛け算の繰り返しに過ぎない。

5・3 ゼロカーボンシナリオ策定のための補助ツール

これまでに見てきた、温室効果ガス排出量の現況推計、再生可能エネルギー導入量・ポテンシャルの把握、ゼロカーボンシナリオの策定といった一連のプロセスにおいて、ゼロから情報を収集し、計算ロジックを組み立てるのはかなり大変である。実際、予算や人材の限られた自治体などでは、計画をつくるために予算と体力のほとんどを費やしてしまい、実際の対策にまで手が回らないケースを筆者も多く見てきた。

そうした地域の担当者に向けて、いくつかの有用な補助ツールが環境省や民間企業から提供されている。それぞれツールごとにメリット・デメリットがあるため、目的に応じて使い分けて使用し、必要に応じて組み合わせつつ活用してほしい。

1 都道府県別エネルギー消費統計

対象地域が都道府県である場合、現況推計に経済産業省が公表している都道府県別エネルギー消費統計（エネルギーバランス表）が、現在の排出量の把握に利用できる。この統計資料では、各年度別にシートがわかれており、行方向にエネルギー種別、列方向に部門がとられ、エネルギー種別のエネルギー消費量が詳細に時系列で整理されている。都道府県別エネルギー消費統計は、日本全国のエネルギーバランス表である総合エネルギー統計をもとに、補足的に他の統計を用いて都道府県別に分割したものであるため、国全体や近隣地域ともしっかり整合が取れている。

都道府県別エネルギー消費統計では、それぞれ年度ごとに、固有単位表、エネルギー単位表、炭素単位表が示されているが、炭素単位表が当該地域の部門別・燃料種別の排出量に相当する。ただし、単位が炭素換算なので、CO^2換算にするためには44／12を積算する必要があることに注意が必要だ。

2 部門別 CO^2 排出量の現況推計

現況推計を行いたい自治体が、市町村レベルである場合、都道府県別エネルギー消費統計はそのままでは使えない。都道府県のエネルギーバランス表を、別の統計・指標などを用いて案分推計するか、独自の調査などでエネルギー消費量の実績値を把握する必要がある。この推計方法は、「地方公共団体実行計画（区域施策編）策定・実施マニュアル」（以下、マニュアルと称す）の算定手法編に複数紹介されているが、同マニュアルに記載されている方法のうち、「標準的手法」を採用した場合の部門別CO_2排出量の結果については、すべての自治体の時系列データが環境省のホームページ上で公開されている。

この値をそのまま地域の排出量として活用することもできるし、自治体が独自の手法を用いて推計した排出量と比較して、大きくずれていないか確認することにも使える。また、近隣自治体などとの排出構造の比較、特徴の洗い出しにも有効であろう。

3 REPOS（再生可能エネルギー情報提供システム）

REPOSでは、環境省が実施した再生可能エネルギーのポテンシャル評価の調査結果をもとに、地域別の再生可能エネルギーポテンシャルを可視化している（図5・4）。また導入実績や需要量、ポテンシャルなどが地図情報で確認できるサイトであり、利用可能な再生可能エネルギー資源について把握するための基礎資料として重要である。

4 自治体排出量カルテ

自治体ごとの排出構造を、よりわかりやすく、グラフなども活用してまとめているのが自治体排出量カルテ

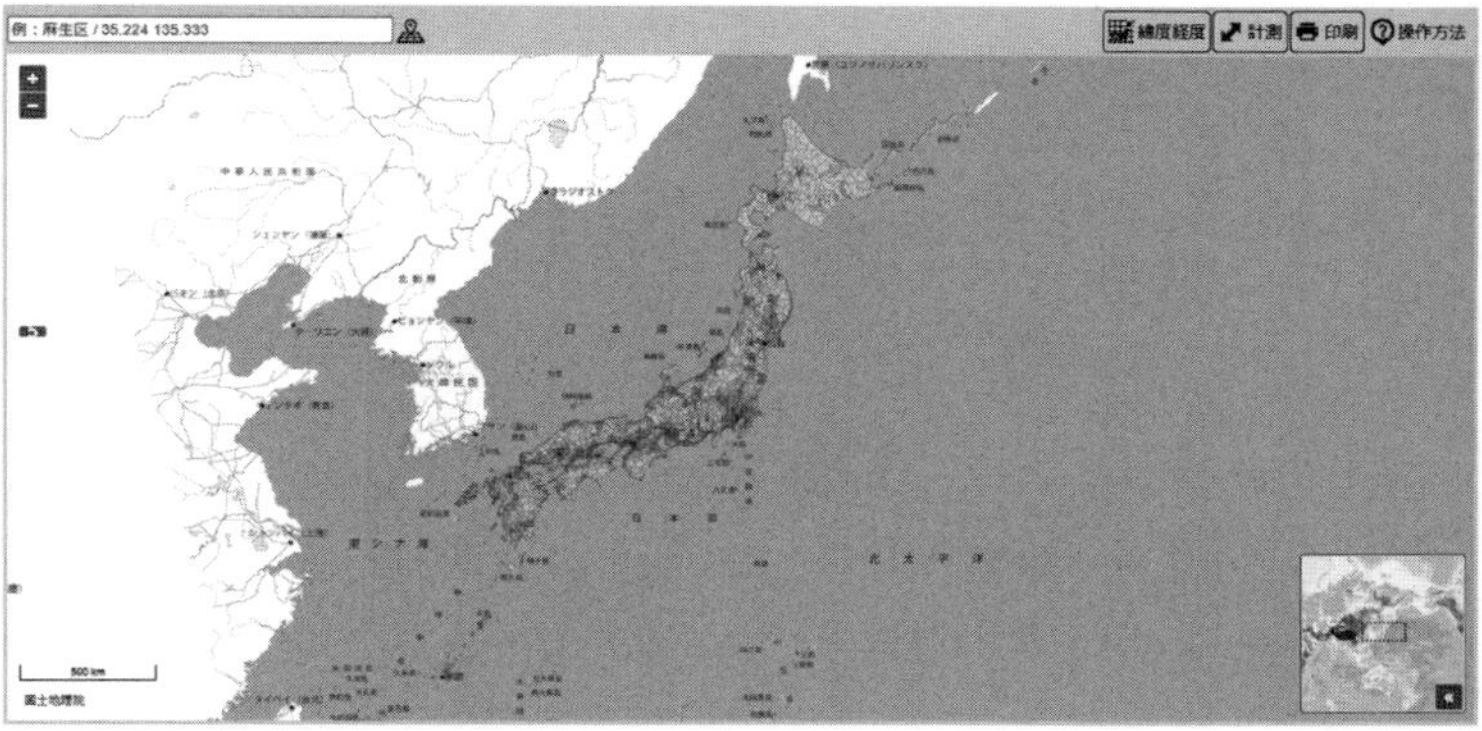

図 5･4　REPOSの市町村別太陽光発電ポテンシャルの表示例
（出典：環境省「再生可能エネルギー情報提供システム［REPOS］」※5）

である（図5・5）。自治体排出量では、先述の「部門別CO_2排出量の現況推計」によるデータに加え、部門別の活動量の推移や特定事業所（自治体内のエネルギー消費量及びCO_2排出量が一定規模注1以上の事業所）の排出量データ、FIT制度による再生可能エネルギー導入量の実績とREPOSによる再生可能エネルギーポテンシャルがわかりやすく可視化・整理されている。どのような推計方法を採用するかに関わらず、現況推計として地域の特徴を大まかにとらえるためにはうってつけの資料である。

一方で、自治体排出量カルテは複数の資料から関連する情報を集めたものであるため、時には不整合が見つかる場合がある。とりわけ「部門別CO_2排出量の現況推計」で都道府県データの案分という手法で推計された産業部門の排出量と、特定事業所の排出量として報告されている製造業の排出量のデータは是非見比べて確認してみてほしい。特定事業所として報告されているCO_2排出量の積算値が「部門別CO_2排出量の現況推計」によって推計された製造業（産業部門）全体の排出量を大幅に超えるような場合、地域特有の排出構造を適切にとらえられていない可能性があるため、より慎重

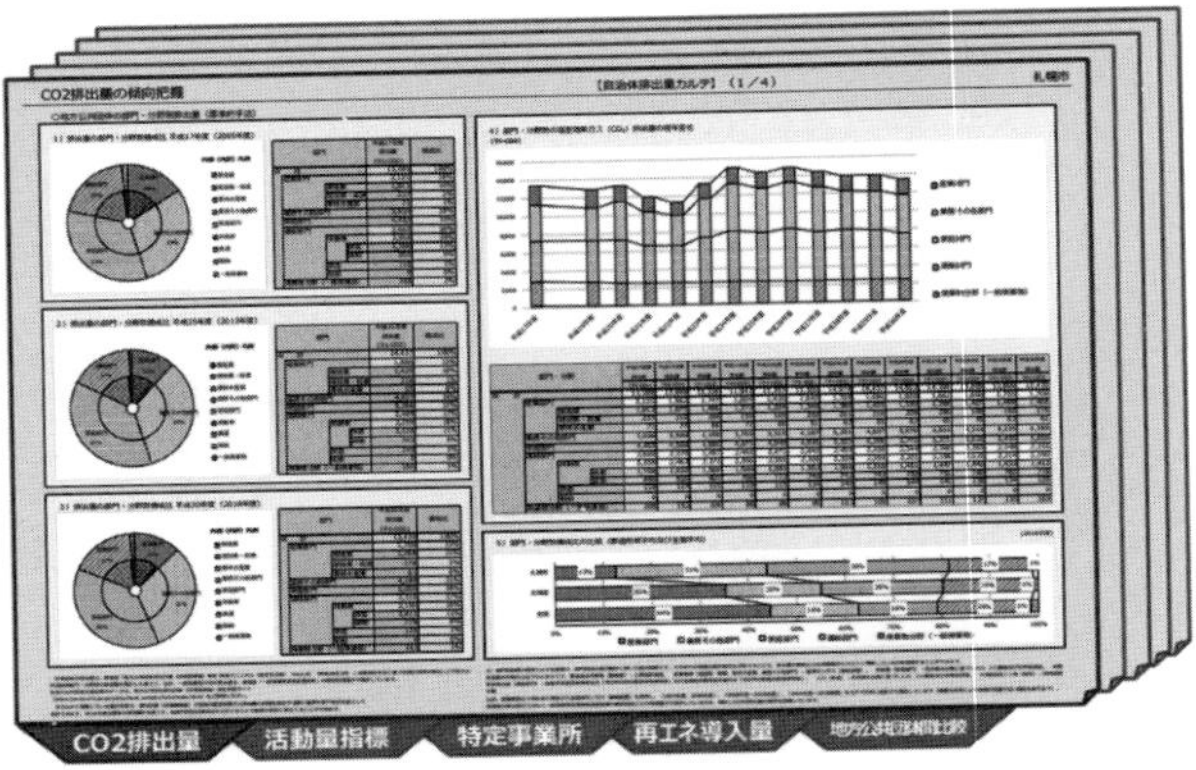

図 5・5　自治体排出量カルテ
（出典：環境省大臣官房環境計画課（2022）「自治体排出量カルテの活用について」※6）

に推計を行う必要があろう。

5　Google EIE（Environmental Insights Explorer）

Google社では、中小規模の都市の排出削減目標設定を支援するため、Google社の強みである地図情報・位置情報のデータなどを活用した、「Environmental Insights Explorer」というオンラインツールを開発している（図5・6）。

独自のアルゴリズムを開発して、世界中すべての自治体の排出量推計作業を進めているツールであるが、プライバシーの問題もあるため、自治体からの求めがあった場合のみ、データを無料で公開している。排出量の計算は、建物と交通及び建物上の太陽光発電ポテンシャルに特化しているが、特に交通に関しては、交通機関別の移動距離の構成や、域内交通と地域間交通の内訳や機関別の移動距離の内訳といった分析データがみられる。

交通分野の排出量については、地図データから取得される実際の移動実績をもとに推計しているため、都道府県レベルの統計を案分して推計したものより地域の特徴や実態を反映しやすく、対策を導入前後の効果の評価やモニタリングに活用できる。

これまでは、サイト内の表示がすべて英語であたため敷居が高かったが、2022年末頃よりツールがアップデートされており、日本語も含め言語選択できるようになった。数値をざっと眺めるだけで得られる情報も多い。世界中の都市と比較が可能であること、取組の成果が継続的に観測できること、世界に発信できることなどがこのツールの強みの一つであろう。

国内では、24の自治体のデータが公表されている（2022年10月末時点）。また、公開するかしないかに関わらず、自治体関係者は非公表のデータにアクセスできる場合があるようなので、関心のある方は是非一度問い合わせてみてほしい。

図5・6　Google Environmental Insights Explorer
（出典：Google Environmental Insights Explorer※7）

6　地域E-CO_2ライブラリー

最後に、手前味噌ながら弊社（E-konzal）の取組も紹介させていただきたい。E-konzalでは、国内の基礎自治体1741団体について環境省の推計マニュアルに基づいてエネルギー消費量、CO_2排出量を推計し、毎年公開している（図5・7）。現在2005年度から2019年度までの期間について、環境省の推

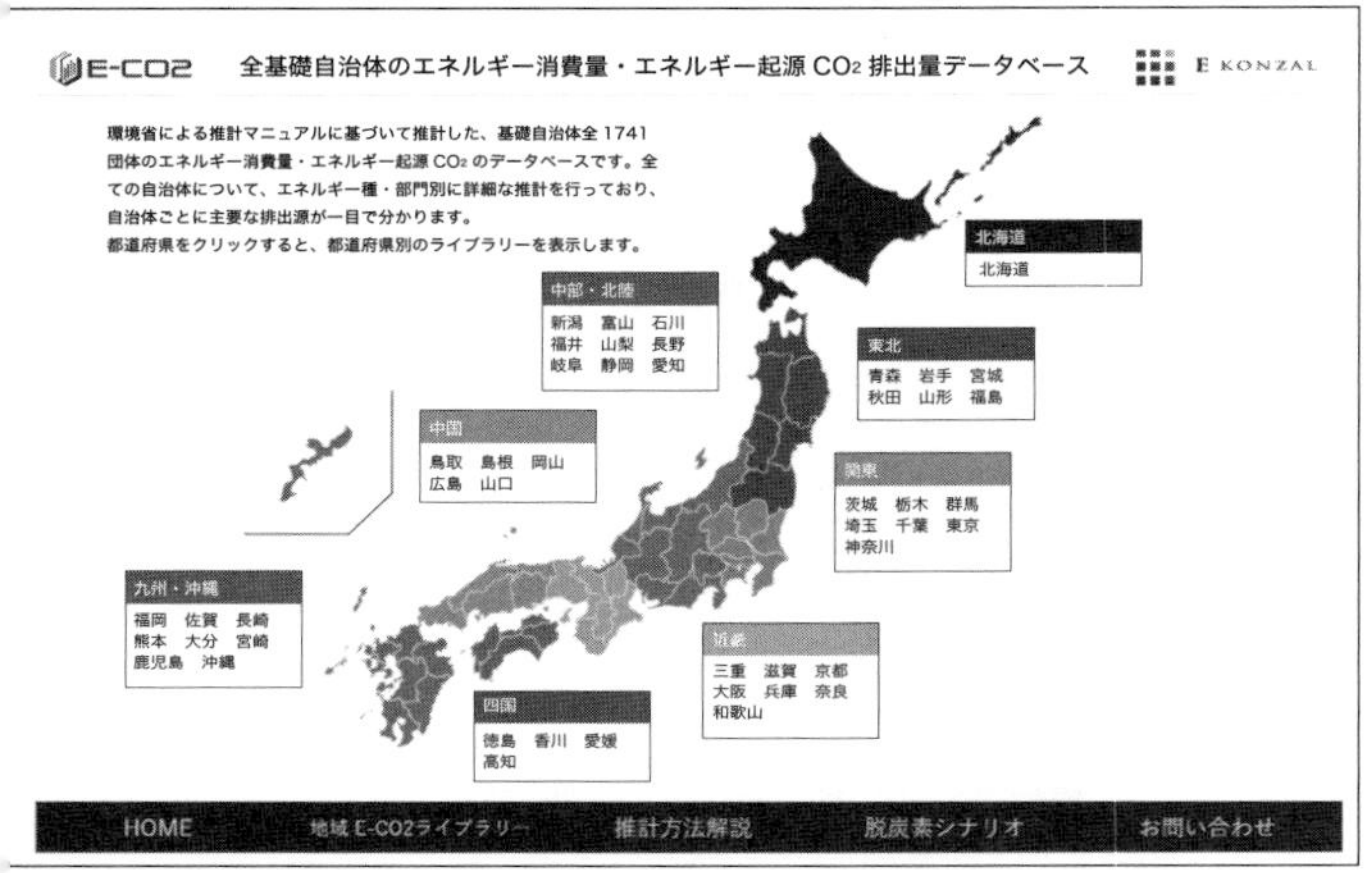

図 5·7　地域E-CO₂ライブラリー
（出典：E-konzal「地域 ECO₂ ライブラリー」※8）

計マニュアルですべての自治体において把握が望ましいとされている産業部門、業務その他部門、運輸部門（自動車・鉄道）からのエネルギー起源CO_2と一般廃棄物の焼却によるCO_2排出量のデータを公表している。

環境省の「部門別CO_2排出量の現況推計」では県レベルのCO_2排出量を活動量指標で案分しているのに対し、このデータベースでは、自治体別のエネルギーバランス表をより詳細に作成して分析しているところが特徴である。また、産業部門（製造業）の排出量については、環境省の「標準的手法」より細かく部門分類して推計しているため、地域の産業構造の特徴をより詳細にとらえられることが強みである。

そのほか、基準年と直近年の排出量の違いについて、「活動量要因」「活動量シェア要因」「エネルギー効率要因」「エネルギーシェア要因」「排出係数要因」に要因分解して評価しているため、より具体的な排出構造の理解に役立てることができる

7 E-CO_2 STELLA（エコツーステラ：地域脱炭素シナリオ検討ツール）

E-CO_2 STELLAは、2050年までの脱炭素に向けた道筋（将来シナリオ）を検討するためのツールで、人口、経済、施策の設定に応じた将来のエネルギー消費量とCO_2排出量を推計することができる（図5・8）。

本ツールの特徴は以下のような特徴を有している。

- 「産業部門」「業務部門」「家庭部門」「運輸部門」「一般廃棄物」の部門ごとにシナリオを検討できる
- 地域の人口推移や経済状況も自由に設定して分析できる
- 検討したい施策のレベルを選択するだけで、簡単に脱炭素社会に向けたロードマップを確認することができる
- 単年の排出量だけではなく、累積排出量を計算できる

先述の、E-CO_2ライブラリーのデータを活用しているため、ユーザーは地域の社会経済状況やエネルギー消費量、CO_2排出量に関するデータを改めて入力することなく、地域の脱炭素に向けたシナリオの検討を行うことが可能ということもあり、最近では自治体やコンサルタントから多くの問い合わせを受けている。

実際にどの対策をどれぐらいすれば、どの程度ゼロカーボンに近づくのかについて、ツールを動かしてみると試行錯誤ができるため、対策の効果について肌感覚として理解が進む。もちろん、このシナリオをそのまま地域のゼロカーボン戦略として採用することを推奨しているわけではない。むしろ、多くのステークホルダーを巻き込んで、一緒にツールを触りながら主要な対策の導入効果を確認し、今後、それぞれの地域としてどこに力を入れて対策すればいいのかを考え、「具体的な行動の選択」を議論する一助になればと考えている。

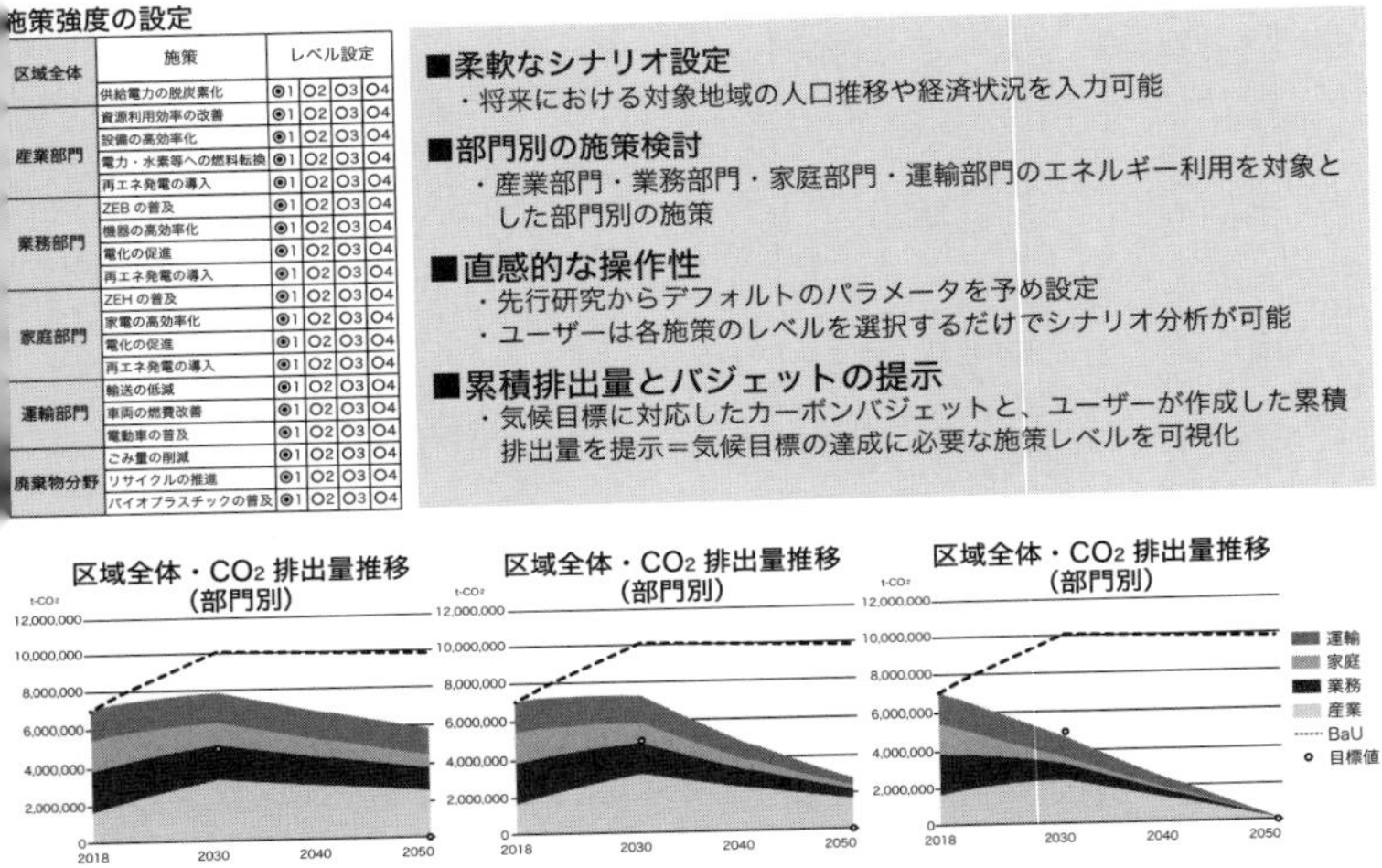

図 5・8　E-CO2 STELLA
(出典：E-konzal「ECO2 STELLA 地域脱炭素シナリオ検討ツール」※9)

本章ではゼロカーボンシナリオの意義や作成方法、具体的なツールなどについて述べてきたが、ゼロカーボンシナリオの策定自体は手段に過ぎない。そのシナリオ・戦略を実行に移してこそ意味がある。そのためには、シナリオの策定プロセスに地域住民や事業者を巻き込み、コミットしてもらう工夫が重要ではないか。

これまで、多くの自治体が策定してきた温暖化対策実行計画においても、パブリックコメントという形で事前に意見を聞くプロセスは準備されている。ただ、実態としてほとんど機能しておらず、計画そのものの存在を知らない住民が大半である。地域によっては、排出削減は自治体が中心に実施すべきという認識もまだまだ根強い。数%程度の排出削減のための計画なら自治体が中心に取り組む形もありうるが、ゼロカーボンを目指す変革において、自治体が単独でできる取組は限定的である。ゼロカーボンシナリオの検討を通じて、より多くの人が協力し合い、社会変革を起こすきっかけになればと願ってやまない。

注釈

注1　「地球温暖化対策の推進に関する法律」では、エネルギー使用量が原油換算で1500kl／年以上である事業所またはエネルギー起源 CO_2 以外のいずれかの温室効果ガスの排出量が3千 tCO_2／年以上である事業所を特定事業所として位置づけ、対象となる事業所に前年度の排出量の算定・報告を義務付けている。

参考文献

※1　環境省「地方公共団体における2050年二酸化炭素排出実質ゼロ表明の状況」https://www.env.go.jp/policy/zerocarbon.html（閲覧日：2022年11月7日）

※2　フィリップ・E・テトロック、ダン・ガードナー『超予測力　不確実な時代の先を読む10箇条』早川書房、2016年

※3　環境省「地方公共団体実行計画策定・実施支援サイト」https://www.env.go.jp/policy/local_keikaku/

※4　環境省「地方公共団体における長期の脱炭素シナリオ作成方法とその実現方策に係る参考資料（Ver1.0）」2021 https://www.env.go.jp/content/900498520.pdf

※5　環境省「再生可能エネルギー情報提供システム［REPOS］」https://www.renewable-energy-potential.env.go.jp/RenewableEnergy/index.html

※6　環境省大臣官房環境計画課「自治体排出量カルテの活用について」2022 https://www.env.go.jp/policy/local_keikaku/data/karte/karte_04.pdf

※7　「Google Environmental Insights Explorer」https://insights.sustainability.google/（閲覧日：2022年10月15日）

※8　E-konzal「地域ECO^{2}ライブラリー」https://www. e-konzal. co. jp/e-co2/
※9　E-konzal「ECO$_2$ STELLA 地域脱炭素シナリオ検討ツール」　https://www. e-konzal. co. jp/e-co2/scenario/

第6章

脱炭素に向けた自治体の役割と実務

（一社）ローカルグッド創成支援機構
稲垣　憲治

ここでは、地域脱炭素を推し進めるための自治体の具体的施策を、部門別に紹介していきたい。脱炭素事業は多種多様であり、通常の自治体はすべての施策を実施することは不可能であり、地域特性に応じ、効果的な施策を選択していく必要がある。

1 家庭部門 ―住民の理解と参加を促す

家庭部門における自治体の脱炭素施策の例は表6・1のとおりである。[※1]

表6・1　家庭部門における自治体の脱炭素施策の例

- セミナー・イベント等を通じた再エネ・省エネの普及啓発
- ZEH（ゼロエネルギー住宅）への補助金
- 既存住宅の省エネ改修（窓などの断熱改修）への補助金
- 省エネ家電の導入推進（省エネラベルの普及啓発など）
- 住宅向けの省エネ診断の実施
- 太陽光発電や再エネ電力の共同購入
- 住宅の省エネ性能・太陽光発電等設置の検討義務化

(1) 正しく新しい情報を伝える

家庭部門の脱炭素化における基礎自治体の大きな役割の一つに、新しい情報を正確に伝えることが挙げられる。そのため、現在多くの基礎自治体においては、セミナーやイベントなどを通じた啓発事業が行われている。子どもと一緒に学べるものや環境のみならず他分野との同時開催などで参加しやすくする工夫もされている。

正確な情報を伝えることはとても重要である。例えば、太陽光発電は高いと思い込んでいる方はまだ多いが、2012年度に200万円近くした住宅用太陽光発電は、その後価格低下が進み、2021年度では120万円程度にまで低減している。最新の価格や屋根に穴をあけない工法があることなど正確な情報を伝えることで導入拡大にもつながる。

(2) 楽しみながら脱炭素「古い冷蔵庫を探せ!コンテスト」

基礎自治体において楽しみにながら脱炭素につながる施策として、鳥取県北栄町などで実施された「古い冷蔵庫を探せ!コンテスト」が面白い。冷蔵庫は、家電の中でも年間の消費電力量が大きいため、高効率な冷蔵庫への買替は、家庭の省エネでの優先順位が高いとされる。同コンテストでは、最も古い冷蔵庫を見つけた人には、最新モデル冷蔵庫がプレゼントされ、2位以下の人にも順位に応じ冷蔵庫購入割引券が進呈される取組だ(2位だと5万円分)。古い冷蔵庫の年間電力消費量は最新機種より約3倍の600kWhにものぼり、買い換えるだけで年間1万円程度の電気代の節約につながり、家計にもメリットがある。

そのほか、住宅の省エネについては、断熱改修などへの補助金を出す自治体もある。断熱改修においては、暖房使用時に外に逃げていく熱の約60%は窓からと言われており、窓断熱が最も効果的である。家庭部門の省エネ推進においては、住民と近い基礎自治体の積極的な取組が重要である。

(3) 何十年も使う新築住宅をエネルギー性能の良いものに

表6・1の中で「住宅の省エネ性能・太陽光発電など設置の検討義務化」は、制度構築が簡単でなく一定の人員が必要となるため、都道府県レベルの施策と言える。

長野県では、2013年3月に長野県地球温暖化対策条例を改正し、建築主に対し、新築時に環境エネルギー性能と自然エネルギー導入の検討を義務づけた。また、設計・建築事業者にも、この検討に必要な情報を建築主に対して説明することを義務化している。

同県は、①建築主にとっては、環境エネルギー性能が良い家は丈夫で長持ちするうえ、冷暖房に要するエネルギー使用量が少なくなり、特に冬季の寒さが厳しい長野県では長期的にはおトクになる、②設計・建築事業者にとっては、設計段階から建築主と良好な関係を築くことにより、施工後も、建築主から補修やリフォームなどの相談を受けやすくなるとともに、高性能・高付加価値な住宅の施工・販売を扱う頻度が高くなるといったように、双方のメリットを示している。

なお、国においても建築物省エネ法が改正され(2019年改正、2021年4月全面施行)、300㎡未満の住宅などの設計に際して、建築士から建築主に対して、省エネ基準への適合などについて書面で説明を行うことが義務づけられた。

建物は数十年にわたり使用され続けるため、今後建築される建物は2050年の温室効果ガス排出量に大きな影響を及ぼす。新築建物における高い環境エネルギー性能と再エネ導入の誘導は、優先順位の高い施策である。

2 運輸部門 ―公用車の電動化が初めの一歩

運輸部門における自治体の脱炭素施策の例は表6・2のとおりである。

表6・2　運輸部門における自治体の脱炭素施策の例

・公用車やバスをガソリン車から電動車（EV、PHEV、FCV[注1]）に代替
・EVカーシェアリングの推進
・EV・FCVなどの推進、充電インフラの拡充
・エコドライブの推進
・移動距離の短い街区の形成（コンパクトシティなど）
・物流効率の改善（モーダルシフト、再配達の削減など）

(1) コンパクトシティが本丸、公用車の電動化が初めの一歩

移動距離の短い街区の形成（コンパクトシティなど）は、脱炭素を含めたまちづくり全体で自治体施策の本丸であるが、どうしても中長期になってしまう。交通分野における脱炭素の初めの一歩は、自治体自ら公用車やバスをガソリン車から電動車（EV：電気自動車、PHEV：プラグインハイブリッド車、FCV：燃料電池車）に代え、利用する電気を再エネ電気にすることである。政府の「地域脱炭素ロードマップ」でも、「2035年までに乗用車の新車販売に占める電動車の割合を100%とすることを目指す」とされ、電動車の導入加速が重視されている。

自治体側でも2022年7月の全国知事会において「都道府県が新たに導入する公用車は、原則電動車を目指す」とされるなど交通部門の第一歩である公用車の電動化が進んでいる。

(2) 広まりつつある公用車EVカーシェアリング

公用車をEVにして、夜間や休日に地域住民に貸し出す公用車EVカーシェアリングを行う自治体も出てきている。小田原市では、㈱REXEVや湘南電力㈱

と連携して公用車を含む市内40台超のEVのカーシェアリングを実施している。平日昼は公用車として、夜間休日は市民へ開放している。EVを「動く蓄電池」と捉え、地域でエネルギーマネジメントに活用するほか、災害時に避難所などへEVを派遣し、レジリエンス向上にも役立てている。このほか、石川県加賀市、沖縄県名護市、山口県宇部市でも公用車EVの休日などの地域住民向けカーシェアリングが実施されている。

EVは蓄電池にもなるため、停電時に電力供給が可能。日産自動車㈱は、停電が発生した際、日産の販売会社から貸与するEVを電力源とした災害時電力供給体制の構築などの協定を全国の自治体と締結している。同様の取組は210件（2023年2月24日時点）にものぼる。

電動車のメーカー・車種については、EV13社24種、PHEV10社48種、FCV３社４種で、金額はEV220万～2200万円、PHEV290万～2900万円、FCV650万～780万円となっており、EVとPHEVはメーカー・車種ともに充実し高くない価格帯のものもでてきている。※2 今後、①認知度向上、②街なかでの充電スポットの拡充、③集合住宅へ充電設備導入拡大、注2 ④通勤利用のための職場での充電設備の拡充などを通じ、一般家庭でも事業用でも電動車の導入拡大が期待される。

3 業務部門──まずは省エネ診断

業務部門における自治体の脱炭素施策の例は表6・3のとおりである。

神奈川県では、専門家が各民間施設を個別に訪問し、コスト削減にもつながる機器の使い方や省エネ設備への更新、活用可能な補助金を提案する「省エネ診断」を実施している。コスト削減金額、投資費用、投資費用の回収年数まで試算してくれる。例えば、蛍光灯や水銀灯のLED化による年間コスト削減金額（計２４５千円）、投資費用（計１６５２千円）、投資回収年数6・6～6・8年などの具体例が県ホームページで示されている。

また、省エネ診断においては初期投資を必要としない「運用改善」の提案を受けることができる。例えば、職場の照明の明るさを計測し、明るすぎるところがないかを確認してもらえる。また、過剰な換気により空調エネルギーが増大するため、CO_2濃度を計測し、最適な排気量の調整提案、屋外機を清掃して空調の効率を維持提案などが受けられる。

国においても、経済産業省事業である「省エネお助け隊」、省エネルギーセンターが実施する「省エネ最適化診断」など、全国対象で中小企業向け省エネ診断の枠組みがある。

表6・3　業務部門における自治体の脱炭素施策の例

- 既築建物への省エネ診断
- 省エネ機器導入補助金
- 再エネ導入補助金
- 使用する電力の再エネ電力への切り替え推進
- 新築時の高い省エネ性能の検討義務

このほか、業務部門での脱炭素では施設で使用する電気を再エネ電力へ切り替えていくことも重要である。再エネ電力への切り替え推進策としては、山口県が事業所で使用する電力を２０３０年度までに再エネ電力に転換することを宣言した事業所を「登録」し、実際に再エネ電力に切り替えた事業所に「認定証」を交付する取組を行っている。２０２２年12月9日現在、11社25事業所が「やまぐち再エネ電力利用事業所」に認定されている。

表6・4　産業部門における自治体の脱炭素施策の例

・既築建物への省エネ診断、省エネ機器導入補助
・新築時の高い省エネ性能の検討義務
・再エネ導入補助、再エネ電力への切り替え推進
・電化率の向上
・水素などの実証

4　産業部門――水素実証やRE100エリアの設定

産業部門における自治体の脱炭素施策の例は表6・4のとおりである。

産業部門の脱炭素は、新技術やイノベーションに依存することも多い。他部門に比べて自治体でできることが限られるが、近年、自治体連携での水素実証事業なども出てきている。

北九州市では、水素社会実現に向けた各種実証を面的に実施しており、エネルギー関連施設の集積や豊富な港湾インフラなどの強みを活かし、国内他地域への供給を担う水素の製造・供給・輸入の一大拠点化などを目指している。

また、福島県浪江町においては、立地企業の使用電力が「RE100」となる産業団地整備を構想しており、地域新電力などからの再エネ供給に加え、水素活用も検討されている。

5　伝え方の工夫も重要

脱炭素事業の推進のためには、その伝え方にも工夫が必要である。脱炭素の重要性については浸透しつつあるものの、一般家庭や中小企業などに「脱炭素のためやりましょう」といってもなかなか行動に移してもらえないのが現状である。そのため、脱炭素事業に伴う他の様々なメリットについてもしっかり伝えていく必要がある。例えば、一般家庭向けの断熱改修の推進においては、断熱によって住宅が快適になることに加え、ヒートショック防止で命を守ることにもつながる。また、太陽光発電設置を勧める際には、電気代削減効果や停電しても太陽光発電が発電していれば安心といった観点が身近に感じやすい。事業者に対しては、ゼロカーボンによる製品のブランディングや、再エネ設備導入によるBCP対応などの訴求も考えられる。議員や役所内他部署には、地域経済循環や地域課題の同時解決であること、地域の競争力・ブランディング向上、レジリエンス向上につながることなどが刺さりやすい。相手に応じた脱炭素のメリットをわかりやすく伝えていく必要がある。

6 地域にとって良いコンサル・要注意コンサル

地域脱炭素の計画策定や事業組成にあたっては、コンサルに委託される場合も多い。現在、脱炭素ブームに乗って、多くのコンサルが本分野に参入している。玉石混交の場合もあるため地域側にとってはコンサルの見極めが大切となっている。そこで、地域にとって良いコンサルと要注意コンサルの例を挙げてみたい。※3

まず地域にとって良いコンサル（表6・5）の、①地域発展のための具体的なアクションを提案してくれる、②選択肢を提示してくれる（地域が判断することができる）、③ノウハウを地域に移転してくれる、に共通す

表6・5　地域にとって良いコンサル

①地域発展のための具体的なアクションを提案してくれる
②選択肢を提示してくれる（地域が判断することができる）
③ノウハウを地域に移転してくれる
④地域調整の協力もしてくれる

表6・6　要注意コンサル

①やたらとたくさんの調査を勧める
②なぜか複数年での調査を勧める
③具体的な自治体のアクションを提案しない（できない）
④コンサルが自分で請け負いたい次の事業の実施ありきで調査・提案する
⑤地域でやればできることを請け負いたがる
⑥地域のことを把握せずに提案してくる

るのは地域の実情や意思を尊重し、地域が「持続的」に発展できることを考えている点である。④地域調整も協力してくれるについては、本来のコンサルの業務ではないが、中には協力してくれる社もある。

一方、要注意コンサル（表6・6）の、①やたらとたくさんの調査を勧める、②なぜか複数年での調査を勧めるは、たくさん調査して稼ぎたいというコンサルのビジネスの都合が見え隠れする。また、知見に乏しく仮説を持たないため網羅的にメリハリなく調査する提案となってしまっている場合もある。そして、④のように地域のことを把握せずに提案をするコンサルも少なくない。例えば、既に地域に○○観光バスがあるのに、同じ路線に「△△観光バスを導入しましょう」と企画コンペで提案してきたコンサルにも出会ったことがある。少しその地域を歩けばわかるはずである。

このようなコンサルを見抜いていくためにも、情報元を複数持つことがとても重要だ。情報源が一つの事業者に偏らないように地域内外のネットワークを構築し、積極的に多様な情報を取りにいくことが必要になる。事業者への委託後も事業者に丸投げしておくのではなく、自治体も一緒に調べ・考える姿勢が重要になる。

7 地域主体での事業組成と自治体の役割

(1) 小さく始めてノウハウを蓄積し、大きく育てる

再エネ開発は、地域経済循環や地域共生のためにも、地域主体（所有、意思決定、便益の分配が地域）で行われることが望ましい。しかし現実には、地域外の大企業による開発が多くを占める（大規模な開発はより顕著）。メガソーラーの地域性を調査した研究※4では、全国のメガソーラーの約8割（容量ベース）が地域外企業による開発とされる。再エネ開発の利益は地域外に流れてしまっている現状がある。

一方で地域からは、「地域主体でやらなければならないことはわかるけれど、地域にノウハウがないから難しい」「どうすればいいのかわからない」といった声も聞こえる。これについては、地域内外の企業などとネットワーク形成を形成しノウハウを獲得することが重要である。また、聞いただけではとても難しそうに思えることも、やってみれば地域でできてしまうことは意外に多い。

ひおき地域エネルギー㈱の小水力発電開発の事例を紹介したい。同社では小水力発電（永吉川水力発電所）44.5kWを開発・運営しているが、もともとノウハウのない中、地域外企業などのネットワークを構築し、少

しずつノウハウを内製化していき地域主体での開発を実現した（資金調達も地域金融機関から）。小水力発電設備のメンテナンスも自社で実施できるようにしてコスト削減にもつなげた。
44・5kWから始めた小水力発電開発だが、蓄積されたノウハウを活用して、次は約500kWの小水力発電所を地域主体[注3]で建設中であり、それ以降も地域での開発を予定している。小さく始めてノウハウを蓄積し、大きく育てている事例である。

大規模な再エネ開発では人材や資金調達などが壁となり、地域主体での実施がなかなかできないことも多い。しかし、今は難しくても少しずつでも再エネ開発のノウハウを地域に蓄積し、大規模なものも中長期的には地域主体での実施につなげることが重要である。例えば、地域で事業の話が持ち上がった場合などに、全部を担うことが無理でも部分的にでも積極的に関与してノウハウを蓄積することで、次のリプレースの時には、地域主体（地域出資、地域運営）で実施できるようにしていくことも考えられる。

（2）自治体のコーディネートで地域貢献する再エネを増やす

脱炭素を地域経済循環や地域課題解決につなげるためには、自治体の役割も重要である。ここでは、自治体職員が地域のステークフォルダーを巻き込んで地域に歓迎されるメガソーラー事業を組成した事例を紹介したい。京都府宮津市には、地域課題であった獣害を防止したメガソーラーがある。このメガソーラーは、地元企業の金下建設が62％出資して筆頭出資者になり、オムロンフィールドエンジニアリング（OFE）と京セラが連携、地元金融機関の京都北部信用金庫や京都銀行が融資で支援した地域主体の事業で開発された。

数十年間手つかずの遊休地でイノシシなどの獣害が発生していた地区に太陽光発電を設置することで獣害を防止し、うっそうとした景観も改善した事業となった。地域での事業説明会では拍手（！）まで起こったという逸話もある。地域にこのメガソーラーが歓迎された結果、さらに地域から閉鎖された市内のスキー場跡地への太陽光発電設置の要請があり、実際にこちらも設置された。顧客満足度ならぬ地域の満足度が次の地域共生型のメガソーラー開発につながった事例である。

この地域課題解決型メガソーラーの実現には、宮津市職員小西正樹氏が陰で大活躍している。小西氏の動きを紹介したい。

まず、小西氏は地域の多様な方々とのコミュニケーションの中で、地域課題（特定地域の獣害）を把握していた。そして、事業者からの太陽光発電開発の提案を受けた際、この場所に太陽光発電を設置することで獣害が解決できるのではと考えた。さらに、開発にあたっては、地元企業の金下建設や地域金融機関を巻き込みながら地域主体で事業を組成していった。また、地域課題である獣害の発生する区域は敷地が細分化され土地の権利集約が難航したが、自治会のサポートを取り付け取りまとめに成功している。

普通の自治体職員は、公平性を理由に「何もしない」ことがほとんどだろう。特定の事業者のお世話をするのは良くない、民間の事業だから間に入って揉めても困るといった考えはわからなくもない。しかし、これを拡大解釈しすぎると何もできなくなる。小西氏のように一定の公平性を担保しながら、地域企業などを巻き込んで事業を前に進めることが地域脱炭素事業を地域発展につなげるために極めて重要である。自治体が地域企業を巻き込みながら脱炭素事業を実施することで地域経済循環につながる。そして、ノウハウが地域化してこそ、持続的に地域で脱炭素事業が可能になり、地域創生の一つの手段となっていくのである。地域外の事業者が売電収入をすべて持っていってしまい、地域に残るのはトラブルだけといった植民地型の再エネ開発を避け、地域に裨益する再エネ事業を組成する大きな役割を自治体職員は担っている。

なお、特に小規模な自治体から「脱炭素事業をしたい地域企業がいない」という声を聞くことがよくある。本当にいない場合もあるが、探していないことや見つけられていない場合もある。地域に脱炭素事業をしたい地域企業については、商工会議所などに相談するなど積極的に掘り起こしていくことも重要である。それでもいない場合には、近隣自治体や連携自治体に範囲を広げて探してみる。それでも見つけられない場合には、地域おこし協力隊を活用するなど地域人材を呼び寄せることも一案である。

8 重要になる自治体公務員の役割

東日本大震災以前、エネルギー政策は主に国の役割だった。しかし、地域分散型である再エネの普及や地域脱炭素化の要請により、自治体の役割が大幅に増している。今後、自治体は、地域脱炭素計画、地域再エネ目標、ゾーニングなど様々なことが求められるようになってくる。

脱炭素事業は、専門性が高くなりがちで、頻繁な制度変更などにも随時対応していく必要がある。しかしながら、税務や福祉など昔からある自治体の業務ではないため、本分野の組織的なノウハウ蓄積はまだ途上である。また、自治体職員は、多くが3年程度で人事異動するため、知見・ノウハウの蓄積が担当にも幹部にもされにくい構造となっている。加えて、この短期間の異動は、関係地域企業とのネットワーク形成も阻害する。地域エネルギー事業は、地域企業を的確に巻き込んで実施することが地域経済循環にとってもノウハウの地域化にも重要である。しかし、短期間での在任では、地域企業と信頼関係を築きつつネットワーク形成し、プロジェクトに巻き込んでいくことは難しい。

自治体職員の専門性や地域企業などとの既存ネットワークの蓄積を重視した柔軟な人事が自治体の環境・エネルギー部門でより重要になってきている。庁内公募制などを通じ、本人の希望・適性も踏まえつつ、事業支援ノウハウや地域企業との人脈が蓄積される人事制度が本分野で拡大することが求められる。

注釈

注1　EVは、バッテリーに蓄えた電気でモーターを回転させて走る自動車。PHEVは、搭載したバッテリーに外部から給電できるハイブリッド車。バッテリーに蓄えた電気でモーターを回転させるか、ガソリンでエンジンを動かして走ることもできるので長距離走行が可能。FCVは充填した水素と空気中の酸素を反応させて、燃料電池で発電し、その電気でモーターを回転させて走る自動車。

注2　集合住宅へ充電設備導入は、工事費が住宅用（2～10万円）に比べて集合住宅用は高額（50～150万円）であること、導入にあたって、費用負担や運用ルールを検討し、管理組合の同意が必要であることなどが課題。

注3　ひおき地域エネルギーに出資元である太陽ガスが出資するみずいろ電力㈱で開発。

参考文献

※1　環境省大臣官房環境計画課「地方公共団体実行計画（区域施策編）策定・実施マニュアル（本編）」2022年3月をもとに作成（運輸部門以降同じ）

※2　環境省令和2年度第三次補正予算事業の対象者について、整理された環境省ホームページ「Let'sゼロドラ」より抜粋 https://www.env.go.jp/air/zero_carbon_drive/（2021年9月時点）

※3　長谷川智也『いたいコンサル　すごいコンサル-究極の参謀を見抜く「10の質問」』日本経済新聞出版社、2016年を参考に筆者作成（個人の見解であり、所属の見解を示すものではない）

※4　櫻井あかね「固定価格買取制度導入後のメガソーラー事業者の地域性」『日本エネルギー学会誌』97（12）、379～385頁、日本エネルギー学会、2018年

第7章

脱炭素を地域発展につなげる

京都大学　諸富　徹

1　脱炭素化は地域の競争力強化につながる

「脱炭素こそが地域発展につながる」といっても、これまでなら奇妙な発言として片づけられて終わっていたことだろう。温暖化対策は企業にも市民にも追加コストをもたらし、地域の競争力や生活水準の向上にとってマイナスの存在だ、というのがこれまでの「常識」だったからだ。しかし、それが「非常識」に変わる日は、もうすぐそこまで来ている。

一つのエピソードを紹介しよう。2016年に創業された北欧の新興電池メーカー「ノースボルト」は、電気自動車（EV）用電池の大規模工場用地として、スウェーデン北部の北極圏に近い田舎町であるシェレフテオを選んだ。[※1]

なぜだろうか。工場で必要となる大量の電力をすべて、再生可能エネルギー（以下「再エネ」）でまかなうことができるからである。これは、産業立地としての競争力を左右する大きな要因として「脱炭素化」が浮上した瞬間である。企業にとっては、100%再エネによるエネルギー供給が受けられるかどうかが、立地に向けた意思決定で決定的に重要な要素になったのだ。

これは近年、脱炭素化に向けて企業に自社サイト（Scope1）や自社が利用するエネルギー（Scope2）だけでなく、サプライチェーン全体（Scope3）を通じた脱炭素化が求められるようになり、少なくともその情報開示が求められるようになってきたことと関係している。もちろん今すぐScope3の脱炭素化を実現せよと言われても困難だが、将来の実現をにらんで、まずはサプライチェーン全体を通じて各段階でCO_2がどれだけ出ているのかを把握し、情報開示することが求められるようになっている。

将来的にはScope3での脱炭素化を実現するため、企業は取引企業に生産プロセスの脱炭素化を求めるだろう。つまり、脱炭素化の成否によって取引先が選別されるのである。自動車メーカーは自らの製品の脱炭素化を実現するには、その中核部品である車載電池の脱炭素化を図らねばならない。逆に言えば、電池メーカーが生き残って製品が選ばれる存在になるには、生産プロセスで大量に使用する電気の脱炭素化を実現せねばならない。ノースボルトが工場立地先の選定で、再エネ100%の電力供給が可能か否かを重視した理由は、まさにこうした文脈で理解できる。

こうして脱炭素化（そして「RE100」）はいまや地域にとって、足を引っ張るどころか、競争力を確保する上で必須の要件になりつつある。第1回脱炭素先行地域に選定された北海道の石狩市が、石狩湾新港エリアにおいて電力供給の100%再エネ化を目指すのはまさに、産業立地上の優位性を獲得するためである。つまり、それまでコストとされていた要素が一転して競争優位の源泉となる、大きなパラダイム転換が起きているのだ。

2 電力システムは「集中型」から「分散型」へ

電力システムは、20世紀の「集中型」から21世紀の「分散型」へと移行してきた。20世紀は、工業化・都市化によって必要となる大量の電力を、一定の地域に集中立地させた火力や原子力などの大規模電源による発電と、大規模送電網による遠距離送電でまかなってきた。大規模電源による大量の発電は、投資額が巨大になるが、スケールメリットを利かせることで経済合理性を確保していた。ここに再エネが果たせる役割は、ほとんどなかった。

だが、福島第一原発事故で判明したように原発には事故の巨大リスクがあり、火力発電には温室効果ガスの排出という問題があるため、21世紀に入ると世界的に再エネへのシフトが生じた。各国は再エネ固定価格買取制度（FIT）や税制優遇措置を導入することで、再エネを後押しした。その結果、再エネ大量導入が進んだほか、スケールメリットと技術進歩により、既存電源より高かった発電コストが、2010年以降には次々と既存電源のコストを下回るようになっていった。

再エネはいまや環境に良いからという理由だけでなく、経済的に合理的だからという理由で導入されるようになっている。こうした潮流をさらに強めたのが、ウクライナ戦争勃発以降の化石燃料価格の高騰である。これにより火力発電のコストが劇的に高まり、電力会社はそのコストを電力料金に転嫁（つまり値上げ）せざるをえなくなっている。この局面で、化石燃料に依存しない電源として、また自国で調達が完結でき、経済安全保障上も優れた電源として再エネの価値がさらに高まっている。

以上の理由から、発電電力量に占める再エネの比率は今後、国際的にも日本国内でもますます高まることは確実だ。デンマークでは、2021年に総電力発電量に占める再エネ比率はなんと、71・9％と初めて7割を超えた。[※2] ドイツの同比率は2022年に49・6％とほぼ5割に達し、2023年はウクライナ危機で化石燃料の利用が抑制されるため、さらに66・2%へと大幅に上昇すると予測されている。
日本も遅ればせながら2012年にFITを導入して以降、着実に再エネ比率は上昇しており、2020年にようやく2割を超えて2021年に22・5%を記録した。[※4]
もっとも、第6次エネルギー基本計画では再エネ比率を2030年までに36〜38%に引き上げることを目標としている。年率で約1%ずつ再エネ増加ペースでは間に合わないことは明らかである。目標実現のためには今後、これまでの2倍速での再エネ増加が必要になる。

3 分散型電力システムへの移行を地域にとってのチャンスに

こうして再エネが増えると、必然的に電源の「分散化」が進む。再エネ電源は火力や原子力に比べて規模が小さい。他方、太陽、風、森林バイオマス、水、熱などの再エネ資源は、全国に広範に分散して存在している。したがって再エネ発電は、小規模分散型の発電に特徴がある。無数の小規模再エネ電源を電力系統でネットワーク化したのが「分散型電力システム」である。

集中型電力システムの時代には、地域・自治体にとって電力事業は遠い存在で、エネルギー事業は電力・ガス会社に任せればよいと考えられてきた。さらに、地域・自治体には電力事業を手掛けようとしても、その権限もノウハウもなかった。しかし分散型電力システムの時代になれば、再エネ資源を利用した電力事業の技術的ハードルは比較的低く、しかも小規模で済むので、投資コストも既存電源に比べてはるかに小さい。つまり、地域や自治体にとって電力事業に挑戦するチャンスが到来したのだ。

2011年の東日本大震災も、事態を大きく変えた。福島第一原発事故による電源不足や計画停電、節電などを経験した自治体にとって、エネルギー供給の確保は住民の生命を守るために欠かせない仕事となった。2018年9月に地震を原因として起きた、北海道全域のブラックアウト（全停電）、そして2019年9月に関東地方を襲った台風15号による千葉県の大規模停電、2022年3月の福島沖地震による東京エリアにおける最大約210万戸の停電など、電力供給の途絶がそれなりの頻度で起きるようになっている。こうした事態も、災害時の電源確保のために、自治体がエネルギー政策に関わらざるをえない要因となっている。

2012年に導入されたFITによる再エネ促進政策とほぼ同時並行で進められた電力自由化は、自治体がエネルギー政策に関与するのに必要な制度的基盤を整えた。電力事業のうち発電事業と小売事業は参入が自由化され、電力会社以外の事業主体の参入が可能になった。これにより地域で企業や住民が新しい電力会社を創設したり（地域新電力）、自治体の電力事業への参入（自治体新電力）が可能になったのは、大きな進歩であった。

4　地域経済循環とエネルギー自治

分散型電力システムへの移行は、エネルギーの「地産地消」が可能になるということを意味する。東日本大震災前までは、こうした展望を持つことは想像すらできなかった。

ところで、「エネルギーの地産地消」がなぜ重要なのか。それは「地域経済循環」を促し、地域の所得を引き上げてくれるからだ。[※5] これまで電力やガスの供給を、電力会社やガス会社に頼っていたことで、私たちが支払う電気代やガス代は、電力会社やガス会社の本社立地都市、つまり大都市に流出し、果ては中東など海外に流出していた。

例えば、滋賀県湖南市の場合、地域総生産（GRP）のうち8・3％が電気・ガスなどのエネルギー代金支出として域外流出していたことがわかっている。他の都市でも同様にGRPの1割未満が域外流出していることが判明するはずである。この所得部分を、地域でエネルギー生産を行うことで、取り戻すことはできないだろうか。

我々は、「地域付加価値創造分析」という手法を用いることで、エネルギー生産を域外から域内に切り替えれば、GRPが一体どれだけ上昇するかを定量的に評価する研究を推進してきた。この手法を全国各地の地域主導型エネルギー企業に適用した結果、実際に地域付加価値が上昇することが明らかとなった。[※6] これは、地域における自立的なエネルギー生産の仕組みを構築することが、地域経済発展に有効なことを示している。

では、これを実現するにはどうすればよいのか。一つの可能性として、「シュタットベルケ」（Stadtwerke：都市公社）がいま注目されている。これは、ドイツで上下水道、公共交通、エネルギーなどあらゆるインフラを手がける自治体100％出資の公益事業体を指している。日本の地方公営企業に似ているが、シュタットベルケはエネルギー事業が中核事業であるのに対し、日本の地方公営企業はエネルギー事業をほとんど手掛けていないという違いがある。ドイツのシュタットベルケは、自治体が全面的に関与する形で、エネルギー事業で大きな収益を上げ、それを財源に公共交通ほか他のインフラ事業の赤字を賄い、支える機能を果たしている。

シュタットベルケは地域の所得を堰き止め、それが域外流出しないよう循環させる制度的基盤だとお考えいただきたい。現在、ドイツには約900のシュタットベルケが存在していると言われ、電力、ガス、熱供給といったエネルギー事業を中心に、上下水道、公共交通、廃棄物処理、公共施設の維持管理など、市民生活に密着したきわめて広範なサービスを提供している。これらのサービス提供を可能にするためのインフラの建設と維持管理を手掛ける、独立採算制の公益的事業体が、シュタットベルケである。

シュタットベルケのビジネスモデルの大きな特徴は、「エネルギーで儲けて、その他の公益事業を支える」という点にある。ドイツのシュタットベルケのエネルギー事業はたいてい黒字を計上しており、それを元手に公共交通など、赤字を計上している他の公益的事業を支援している。[※7] 上下水道など、日本の地方公営企業は人口減少時代に、その経営の持続可能性への不安が高まっている。ドイツのように、「エネルギー事業で稼いで、公共インフラを維持する」といったビジネスモデルを導入できないだろうか。

これは、地域の自治を鍛えることにもなる。いままで他人任せであったエネルギーを自ら生産し、消費することで地域経済循環を創り出す。事業にあたっては地域の様々な利害関係者と協議し、合意形成を図る。事業の成功に向けて官民のベクトルを合わせ、お互い協力する。災害時には、緊急電源を自ら確保することで市民の生活を守る。こうした一連のプロセス図らずも、地域の自治力を引き上げることになる。我々はこれを、「エネルギー自治」と呼んでいる。

5　人口減少時代の地域課題と「日本版シュタットベルケ」

日本でもシュタットベルケへの関心が高まり、「日本版シュタットベルケ」が次々と創設されつつある。筆者の知る限り、すでに全国で80を超える設立事例があり、さらに今後も増加すると見込まれる。[※8]

「日本版」のシュタットベルケがドイツのシュタットベルケと異なるのは、事業体が必ずしも自治体100%出資の形にはなっていない点である。ドイツの場合、シュタットベルケはほぼ自治体100%出資であるのに対し、日本は自治体の出資が多くても事業体の過半（50%超）に留まり、場合によっては数%の少数出資の場合もあるなど、官民共同出資で事業体を設立する点に特徴がある。

いずれの形態にせよ、自治体が電力というインフラ事業を手掛けるのは、温暖化対策上、画期的な前進を意味する。これまでの自治体の温暖化対策が啓蒙・普及に留まっていたのは結局、自治体が交通、エネルギーを有効にコントロールする手段を持たなかったからである。

逆に、ドイツの自治体が実効性のある温暖化対策を立案・実行できたのは、シュタットベルケ傘下のエネルギー／交通などのインフラ事業会社を通じて、エネルギーや交通といった地域の基幹インフラを自治体がコントロールできたからである。例えば、ドイツの自治体は再エネの普及促進を、エネルギー事業会社を通じて推進できたし、持続可能な交通政策（路面電車など公共交通の拡大と自動車の利用抑制）を、同じく交通事業会社を通じて推進できたのである。

日本の自治体はインフラをコントロールする手段を持たないがゆえに、企業や市民に行動変容を呼び掛けるしか方法がなかった。日本版シュタットベルケの創設は、初めて自治体がエネルギーインフラをコントロールする手段を手に入れることを意味する点で、画期的だと言える。

今後、日本各地で人口減少はさらに加速する。成り行きで経済は縮小し、税収も減少する。他方で、人口構成はさらに高齢化し、地域福祉を支えるための財源ニーズは依然として高水準で推移するだろう。官民含め、公共交通を独立採算で運営するのはますます難しくなり、それをどのようにして支えていくかが大きな課題になる。高度成長期以来、営々と建設してきた道路、上下水道などのインフラの老朽化もさらに進行する。その維持管理・更新費用は、自治体の財政の圧迫要因となるだろう。

こうした人口減少時代の地域課題をどのように解決し、そのための財源を創り出していくか、今後さらに自治体の地域経営能力が問われることになる。国は未曽有の公債残高を抱え、もはや自治体を助ける余裕はない。自治体は自ら地域の経済成長を主導し、その成果として税収を確保していくことを迫られる。

6 地域発展戦略の中核としての可能性

日本版シュタットベルケは、人口減少時代の社会課題を解決し、地域経済の成長を促す中核的な事業体になる可能性を秘めており、またそのような発展こそが地域から期待されるはずである。具体的に、日本版シュタットベルケには地域発展戦略上、下記のような可能性がある。

第1にそれは、地域発電／電力小売事業体を創設して地域経済循環を促進することで、地域付加価値（GRP）の増加を実現する。

第2に、地域で再エネ、蓄電池、将来的にはマイクログリッドへの域内投資を活発化させることで、域内所得や域内雇用の増加をもたらす。

第3に、自治体と地域のインフラ企業（地域ガス会社、廃棄物事業者、建設会社など）が協力して電力事業で基盤を構築できれば、ガス事業、熱事業、水素事業などにも進出し、それらを地域で統合的に手掛ける地域総合エネルギー企業として成長する可能性を秘めている。

第4に、変動性電源たる再エネが大量導入される近い将来、それらを地域で電力需給を調整するニーズが高まる。例えば、東京都が2025年4月から都内の新築住宅建築物に太陽光発電設備の設置を条例で義務づけることになったが、これにより都内に分散型電源が大量に生み出されることになる。それらから生み出される大量の再エネ電力を有効活用するために蓄電池、EV、コジェネ、デマンドレスポンス、場合によっては自営線による電力融通を活用した電力需給のマッチングを行うビジネスが本格的に必要になるだろう。これはハードウェアの整備を前提とするが、大量のデータを処理して最適解を見つけ、実行する一種のデジタルサービスの側面も強い。日本版シュタットベルケがインフラビジネスだけに留まらなければならない理由はない。インフラからデジタルサービスまで一体的に手掛けることで、さらなる成長が展望できる。

第5に、人口減少で官民ともにインフラビジネスの収益性が低下する中、エネルギーを超えてインフラ全体を日本版シュタットベルケが統合的に管理することで維持管理費を抑え、新しい総合インフラビジネスへと展開することも可能である。具体的には、自治体が現在は地方公営企業のもとで管理している上下水道や廃棄物処理施設などを切り出して、日本版シュタットベルケの管理下に移すことが考えられる。顧客管理や電力、ガス、熱、上下水道などの料金徴収事務は一元化され、大幅なコスト削減が可能になるだろう。水道事業の運営権を外資系企業に売却する動きも出てきているが、むしろ官民インフラ事業を統合して地域総合エネルギー産業として発展させる方が、地域経済の発展戦略に資するだろう。

第6に、以上の事業仕分けが進めば自治体本体は、租税財源で社会保障や教育など、収益性は低いがきわめて公共性の高い仕事に集中することができる。これに対して、収益性をともなうインフラの維持管理の仕事は、民間の地域インフラ事業と統合して、公益性の高いビジネスとして展開するという構図も描きうる。3年ごとの人事異動によりエキスパートが育たない自治体に対し、日本版シュタットベルケは、インフラの維持管理の専門家を一貫して採用／育成することで、より効率的かつ効果的なインフラ管理が可能になるだろう。

以上が、日本版シュタットベルケがどのようにして地域発展に資するのかという点に関する一つのシナリオである。人口減少時代に地域脱炭素化を推進しつつ、エネルギーを中心とするインフラビジネスと手掛けることで地域に所得と雇用をもたらし、新しい財源を生み出すことで、それを原資に様々な地域課題の解決を図っていく事業体が日本版シュタットベルケだと言えよう。

筆者は、地域の持続可能な発展に関心を持って、そのカギとなるのは何かについて国内外の調査を行い、検討を重ねてきた。その結果、到達した暫定的な結論は、エネルギーこそが地域再生を図るうえでもっとも重要な基盤となりうる、というものである。これまでにも農林業、観光、福祉など、地域経済を回す地域産業・雇用のあり方が検討され、様々な提唱が行われてきた。これらはそれぞれに重要だが、ドイツの経験から、エネルギーこそがもっとも着実に収益を上げ、貴重な財源を地域にもたらしてくれる事業領域であることがわかってきた。さらにそれが、これからの「ゼロカーボンシティ」の構築と整合的であるならば、着手しない手はない。日本でも多くの自治体・地域がこの課題にチャレンジされることを期待したい。

7 ゼロカーボンシティへのブリッジとしての脱炭素先行地域

以上のように「ゼロカーボンシティ」の実現主体としての日本版シュタットベルケの将来展望を描くならば、脱炭素先行地域の試みはどのように位置づけられるのだろうか。結論的には、脱炭素先行地域は「ゼロカーボンシティ」への橋渡し（ブリッジ）としての役割を果たすに違いない。脱炭素先行地域が応募団体に求めている要件は将来、自治体が「ゼロカーボンシティ」の実現を通じて地域発展を目指す際の、いわば前提条件となっているからだ。

脱炭素先行地域では、地域脱炭素化を通じた「環境問題と社会経済問題の同時解決」が方針として鮮明に打ち出されている。とくに第2回選定以降に強く打ち出しているのが、地域課題が何かを明確にすること、その上で、脱炭素化提案が地域経済の循環や地域課題の解決、そして住民の暮らしの質の向上に具体的にどう貢献するのか、その論理の道筋を明確にすることである。これは、日本版シュタットベルケが向き合うべき地域課題とは何か、という問題の立て方とまったく同じである。こういう問いを立てて、その解決策を見出す能力を示すことがきわめて重要だ。

脱炭素化に向けて、再エネ設備などハードを整備するのは必須だ。しかしより重要な問題は、それをだれが管理し、動かしてくのか、その主体（組織、仕組み、協力関係、資金調達など）を明確にすることだ。しかも、本事業による交付金の交付期間は原則として5年である。交付期間終了後にその事業が倒れてしまっては、交付金が無駄になる。どうやって、交付期間終了後の事業の持続可能性を担保するか、それを考えなければならない。

だからこそ脱炭素先行地域は、住民などの需要家の合意などに向けた仕組みや方策、地域企業などと一体となった連携体制、自治体の強いリーダーシップの構築を求めている。これに加えて事業の採算性、資金確保の見通し、地域特性を踏まえた事業規模などについて、具体的提案を行ったものについては高く評価することにしている。その際にもちろん、事業を誰が担うのかという点は決定的に重要になる。地域新電力をはじめとする新たな仕組みを創設する提案や、再エネ事業の担い手の育成を意識した提案は、採択にあたって必須の要件であろう。

これらの要件は、地域が日本版シュタットベルケの創設を通じてさらなる地域発展を目指す際に必要となる前提条件ばかりである。逆に言えば、こうした要件が揃っていない地域では、日本版シュタットベルケも成功しない。そういう意味で、脱炭素先行地域は日本版シュタットベルケの創設を通じて「ゼロカーボンシティ」に至る道筋に橋を架ける「ブリッジ」としての機能を持ち、地域にそれを可能とする人材や組織を育成するキャパシティビルディングの役割を発揮することが期待されるし、実際そのような役割を果たすことは間違いないと思われる。脱炭素先行地域に採択された自治体から、多くの「ゼロカーボンシティ」が生み出されることを期待したい。

参考文献

※1　日経新聞電子版「GXの衝撃（2）産業立地、脱炭素で再編　再生エネ不足なら空洞化」2021年7月21日
※2　Danish Energy Agency（2021）,“Energy Statistics 2021”p.3
※3　Fraunhofer ISE, *Energy-Charts*,“Annual renewable share of public electricity generation in Germany”
※4　ISEP「国内の2021年度の自然エネルギー電力の割合と導入状況（速報）」
※5　諸富徹『「エネルギー自治」で地域再生！―飯田モデルに学ぶ』岩波ブックレット、2015年、諸富徹『人口減少時代の都市』中公新書、2018年、第3章
※6　諸富徹編『入門 地域付加価値創造分析』日本評論社、2019年
※7　諸富徹『人口減少時代の都市』中公新書、2018年、168～173頁
※8　稲垣憲治・小川祐貴・諸富徹「自治体新電力の現状と発展に向けた検討―74自治体新電力調査を踏まえて」『京都大学大学院経済学研究科再生可能エネルギー経済学講座ディスカッションペーパー』No.37、2021年

座談会

ゼロカーボンシティの実現に向けて

脱炭素先行地域評価委員
磐田　朋子※　芝浦工業大学システム理工学部環境システム学科　教授
植田　譲　東京理科大学工学部電気工学科　教授
藤野　純一　公益財団法人地球環境戦略研究機関サステイナビリティ統合センター
プログラムディレクター（座長代理）
諸富　徹※　京都大学大学院経済学研究科　教授（座長）
吉岡　剛　東京大学大学院工学研究科電気系工学専攻　特任研究員
吉高　まり　三菱ＵＦＪリサーチ＆コンサルティング株式会社　フェロー
（サステナビリティ）

役職は座談会当時。※はオンライン参加。

環境省が推進する脱炭素先行地域の選定に当たり、第1回脱炭素先行地域評価委員会に任命されている6委員による座談会を開催した。①脱炭素先行地域に期待すること、②地域発展につながるゼロカーボンシティの実現のために重要なことについて活発な議論が展開された（座談会開催は2022年8月3日）。

藤野：第1回脱炭素先行地域の募集では、26の地域が選定されました。環境省は今後少なくとも100地域を選定するとしています。まず、日本の脱炭素をけん引することが期待されている脱炭素先行地域に、これから何を期待するのか、委員の皆様の思いを教えてください。

藤野 純一 委員（座長代理）

脱炭素はコストではなく先行投資

吉高：再エネが地域に増えることで、地域経済にも好影響があるという認識がまだ十分に浸透していないと感じています。再エネが地域経済にも貢献することを地域のステークホルダーに理解してもらいながら合意形成を進めることが重要です。脱炭素先行地域が、そのモデルを示してもらいたいと期待しています。脱炭素の話になると、企業や自治体は真っ先にコストの話をします。そうではなくて、この地域を未来に向けて良くしていくための「先行投資」という考え方に転換することが重要です。

藤野：企業や金融機関の方とのお付き合いが深い吉高委員ならではの視点ですね。欧米では、経済のために脱炭素をしている側面もありますが、日本だとまだそのあたりが十分認識されていなくて、脱炭素が我慢の省エネのイメージになってしまっていますよね。

植田：私も吉高委員と同様に、脱炭素が「コスト」だと思われることを変える必要があると思っています。脱炭素先行地域は、そのきっかけになってほしい。世界的には太陽光発電は最も安価な電源の一つになってきています。そして、地域に再エネがあると、地域のレジリエンス向上といった追加的な価値も生まれます。太陽光発電

植田 譲 委員

が付いて断熱性能にも優れたZEH（ゼロエネルギーハウス）、ZEB（ゼロエネルギービルディング）は、我慢を必要としない快適な省エネができます。さらに、停電時にも電気が使えるといった価値もあります。

快適になり、レジリエンスも増し、脱炭素にもなる。上手にやれば長期的に見てすべてが良い方向に行くということを、脱炭素先行地域で見せてもらえることを期待しています。

吉高：各自治体は、中央政府から、様々な分野で様々な計画をつくるように言われています。これらに対応するだけでもとても大変。現在の自治体では、脱炭素で地域活性化していくという「チャンス」を取り込める余力がないところも多いのではないでしょうか。余力があって提案書を作成することができ、補助金が取れる自治体だけが脱炭素が進み、人も予算も時間もない自治体が脱炭素を全くできないといったような格差が生まれることは好ましくないと考えています。自治体間で格差が生まれないように、政府の自治体への適切なサポートが必要です。例えば、ソーラーシェアリングなど様々な省庁が関連する脱炭素の具体策を実施する場合には、同じ悩みも出てきます。そういったときに相談し合えるような枠組みをつくっていくことも重要です。

脱炭素ドミノを加速していくことが重要

植田：自治体間の格差が出てしまってはいけないという吉高委員の指摘はそのとおりで、脱炭素先行地域の取組は、「脱炭素ドミノ」が達成されて初めて成功だと考えています。この事業は技術実証ではないので、ソフト側のノウハウを他の地域に広げていき、「脱炭素ドミノ」を加速していくことが重要ですね。

磐田：自治体間の格差を防ぐためにも、例えば脱炭素先行地域に選定された自治体が、規模や特徴が似ている他の自治体に、こうすれば脱炭素が進むといった具体的な事例や経済面のスキームなどを紹介していくことも大切です。現状では、専門家が各地域を回ってフォローアップすることも検討していますが、専門家だけでは解消できない自治体ならではの悩みもあると思います。

吉岡：脱炭素を目的とせず、地域の発展のための手段としていくことが重要と考えています。脱炭素先行地域においても、そのようなストーリーの地域が選定されています。単にエネルギーを脱炭素すればいいという話でなくて、今後の少子高齢化などの地域課題がある中で、地域がどうありたいのか、そのためにどうしていくべきかを考えた上で、その手段が脱炭素にもつながっていくことが重要です。

吉岡 剛 委員

脱炭素先行地域においては、難しいことをやる必要はなくて、環境省の掲げる脱炭素ドミノのために、他の地域が真似できることが着実に行われていくことが重要と考えています。そして、脱炭素先行地域のいいところを他地域が真似してほしいのです。そのためには、自治体の担当者同士のネットワークを広げていってほしい。

一方で、自治体の担当者は異動もありますし、小さい自治体ではなかなか職員が専門家になることは難しい。地域新電力など脱炭素を担う地域主体をつくることも重要と考えています。

ハード面については、今回、脱炭素先行地域に選定されると、再エネ推進交付金が交付されますが、これを将来を見据えた地域のインフラ整備に充てていくことが重要です。例えば、電力系統の制約で再エネが導入できないことも多いですが、自営線を敷設して効果的に再エネを導入していくことなどが挙げられます。ただし、自営線も単に敷設すればいいというものではなく、レジリエンス強化にもつながるような追加的な再エネ導入が費用対効果の点からも重要と考えています。

磐田：脱炭素を地域活性化の手段とするという点では、第1回の応募では、モビリティを絡めた提案が少なく、

吉高 まり 委員

公用車のEV（電気自動車）化を行い災害時の電力供給源とする提案が大半でした。レジリエンス向上の観点では、公共施設や工場など建物をEVでつなぐという観点は重要ですが、市民が経済原理に従って積極的にEVへ買い替えることで地域の再エネ自給率の向上に寄与する新たなビジネスモデルの提案や、電車や船舶などを再エネ電源の出力制御に積極的に活用する提案など、今後はモビリティについても地域の独自性や地域内外への広がりを見据えた脱炭素提案が出てくることも期待しています。

諸富：脱炭素先行地域への自治体の機運がとても高いと感じています。ここまで自治体をやる気にさせたという点では、環境省のこれまでの事業の中で、最も成功した事業の一つではないでしょうか。説明会でも多くの自治体が集まり、質問も多く熱心です。この脱炭素先行地域により、自治体の脱炭素への関心が掘り起こされていると感じます。

脱炭素先行地域の中で、例えば、大都市である神奈川県川崎市では海浜部コンビナート群を水素活用などでの脱炭素化が検討されています。また、農村地域である秋田県大潟村では地域課題でもある大量のもみ殻を活用し、バイオマスボイラーで熱供給を面的に活用する構想もあります。地域特性に応じた脱炭素が各地域で検討・実行されており、これらの取組が広がることに期待しています。

藤野：皆様ありがとうございました。これまで脱炭素先行地域に期待することを議論いただきましたが、脱炭素をコストではなく投資と捉える、脱炭素を地域発展の手段としていくといった点が指摘されました。また、「脱炭素ドミノ」が達成できて初めて成功という指摘もあり、そのために脱炭素先行地域がモデルとなって、成功ケースが横展開されることが重要ですね。

また、脱炭素ドミノには国の責任も大きいですね。国がサポートしないとドミノは広がらないと思います。それでは続いて、「地域発展につながるゼロカーボンシティの実現のために重要な点」について皆様のお考えをお願いします。

地域発展につながるゼロカーボンシティの実現

吉高：国の支援が重要という点はそのとおりだと思います。ロシアのウクライナ侵攻などを背景に、世界的に化石燃料価格が高騰しており、自治体や地方企業も脱炭素を自分事として本気で取り組みだしています。政府は、自治体を強く後押しをしていってほしいですね。

脱炭素を進めるためには、ガソリンから電気への代替など産業変革も伴うものなので全省庁で対応する必要があります。脱炭素先行地域は環境省で、エネルギーは資源エネルギー庁が所管ですが、縦割りにならず一緒になってやってほしい。さきほども申し上げたソーラーシェアリングであれば主管は農水省ですが、建築物によっては国交省の管轄部分もあります。環境省の施策以外にも脱炭素に使える国の施策は多いです。国は様々なメニューを提示しながら、地域の発展につながる産業をつくってほしいですね。

磐田：省エネ設備は初期費用の回収に長期間を要するものが多く、民間企業の場合は事業リスク回避のため実行されないといったことがあります。例えば政府の基金などで、設備更新や建物改修のデフォルトリスクを保証するなどの支援があってもよいのではないでしょうか。そのような支援があると省エネビジネスが広がると思います。また、脱炭素事業については、規制や電気事業法上の制約などによって、再エネ導入における障壁があるという話も聞きます。こちらについては、丁寧に現場の声をヒアリングして省庁間で共有し、解決策を模索していくことが重要ですね。

吉岡：先ほど諸富座長から大潟村の事例をお話いただきましたが、同村は干拓事業の一環として計画された総合中心地がコンパクトタウンとなっています。他の小さな自治体における再開発も大潟村のモデルが参考になると思います。

また、脱炭素を進める上で、小さい自治体が他の地域と連携していくことも重要と考えています。規模を大きくする方がやりやすいことは多いです。例えば、水素を小さなエリアだけで製造から消費まで行おうとするとコストが高くなってしまうので、地域間連携などを通じ、みんなで使う仕組みにしていかないと普及しません。

自治体において脱炭素が盛り上がっているという話が出ましたが、次は、ぜひ市民も巻き込んで一緒に盛り上がってほしい。風力のゾーニング計画で関わったある地域では、昔から風車がたくさんあったのですが、無作為抽出の住民でワークショップをしたら、風車がどう地域に役立っているのかわからないという方が多くいました。地域住民に脱炭素についての正しい情報をしっかり伝えていくことが重要です。地域発展につながるゼロカーボンシティ実現のためには、こうしたことを通じ、地域住民を巻き込んでいくことも必要です。

藤野：住民を巻き込むためにも、再エネによって地域でお金が循環していることなどをわかりやすく伝えていくことが重要ですね。自治体が説明するのも大切ですが、地域の大学や外部専門家などが客観的なエビデンスを持って伝えていくことで説得力が増す場合もあります。そういった工夫も必要ですね。

磐田：脱炭素への市民の巻き込みが重要だという点について、現状ではその手法として市民会議などに偏っていて手法が限られている印象です。市民をどのように巻き込んでいくか、仲間をどうやって増やしていくか、脱炭素先行地域を通じてノウハウが積み重なっていくことを期待しています。

藤野：市民を巻き込んでいくことに併せて関係する事業者団体の巻き込みや理解促進も併せて必要ですね。例えば、数年前に太陽光発電導入を考えていた方が、数社の事業者に太陽光発電について聞いた際に、すべてネガティブな反応だったため結局諦めてしまったという話を聞きました。事業者団体などとも連携して、太陽光発電の経済性がとても良くなっていることや、再エネ導入で海外からのエネルギー輸入を減らせるといった基本的な情報を共有し、誤解を丁寧に解いていくことが重要です。

植田：固定価格買取制度（FIT）により、全国の適地とされる場所に太陽光発電が大量に導入されました。しかし、管理が不十分だったりで、今や太陽光発電は地域にとって迷惑施設になってしまっている場合も残念ながらあります。これから再エネ導入を加速していくためには、再エネの受容性を高める必要がありますが、そのためには、自分たちの電気はこの再エネから出来ているのだといったことを認識してもらうことも重要です。

ZEHの相談も受けるのですが、地場の工務店は、やったことがないため様々な不安が出てきます。例えば、耐荷重や雨漏りの心配などで、新しい技術への拒否感もあります。脱炭素先行地域を通じて、再エネや脱炭素は、工務店にとってもこれからの新しい商売のタネになりうるという認識が広がることを期待したいです。

また、太陽光発電などの発電量が変動する変動電源を導入拡大していくためには、地域のモビリティも含め需要側がその発電に対応し消費を増減させていくことも重要です。こういった柔軟性を持った需要側のモデルが今後たくさん出てきて、地域の利便性を向上しながら再エネ導入にも役立っていくことを期待しています。

藤野：脱炭素の議論で抜け落ちやすいのですが、とても重要なのが熱の脱炭素化です。この前、あるセミナー講師をしていた際に、「昔、流行っていた太陽熱温水器はもうダメなのか」という質問を受けました。太陽光発電も太陽熱温水器も両方やったほうがいい。電気にして熱にするより、熱を熱のまま使う方がエネルギー的に効率的です。

再エネにも様々なものがあります。出力をコントロールできるものや、出力が天気に依存しないものもあり、こういった再エネも拡大していくことが必要です。バイオマス発電は天気に依存しない非変動型電源ですが、導入拡大には良い品質の燃料材の調達が不可欠です。ただ、残念ながら今は燃料材の多くを輸入している状況です。これは、国産で十分なロットで良い品質で適正価格のものが安定的に供給できないからです。今後、国産でこれらを供給可能にしていくことが重要ですが、それには環境省だけでは難しく、農林水産省や内閣府など全庁で大きな座組で対応していく必要があります。現場を持っているのは様々な省庁なので、環境省は他省庁にいい仕事をしてもらうということも必要ですね。

諸富：かつての環境省の政策にグリーンニューディール基金がありましたが、これは基本的には設備補助をするだけでした。しかし、今回の脱炭素先行地域の政策は、これまでの政策よりかなり進化しているように感じます。自治体が脱炭素するエリアを考えて、合意形成していくプロセスがあり、補助期間の5年間で終わらず持続的な脱炭素の取組を継続させるために組織づくりも求められるためです。人（人的資本）、組織（社会関係資本）、経営能力、事業構築力などが問われるのです。これらの取組を通じて自治力を高めるという副次的な効果もあります。

地域脱炭素を持続的に取り組む組織という点では、地域新電力も提案が多くありました。しかし、世界的なエネルギー資源価格高騰のため、地域新電力に限らず新電力業界全体として事業環境は厳しい状況で、自治体の中には、地域新電力を設立予定だったが、中止するというところも出てきています。一方で、状況を見つつ、できる段階になったら是非やりたいといったところも多い。これは、自治体にとっても、地域新電力が地域にあると実施可能になる脱炭素施策が増えるという認識があるためでしょう。

地域発展につながるゼロカーボンシティの実現のためには、地域の脱炭素の担い手を育てつつ、地域主体で脱炭素事業を拡大していくことが重要です。

藤野：皆様ありがとうございました。市民の巻き込み、国の支援、地域間での連携など、重要なキーワードがたくさん出てきました。確かに一つの地域だけでは難しいことも多くあるけれど、たくさんの地域で連携してやればできることも多くなりそうですね。

脱炭素は産業転換であり、次の世代がどう飯を食べていくかという話です。日本が、グローバルの大きな流れの中で、生き残っていくためにどうすべきかということにもつながります。大きな話ですが、地域で気づいたところから一歩一歩やっていくことが重要です。

グランドデザインを描いて、脱炭素先行地域をきっかけとしながら脱炭素ドミノを起こし、2030年を待たずに全国でどんどん脱炭素していきましょう！

編著者

諸富　徹（もろとみ　とおる）

京都大学大学院経済学研究科教授。1968年生まれ。2010年3月から現職。これまで、環境省「中央環境審議会」臨時委員などを歴任。主著に『環境税の理論と実際』（NIRA大来政策研究賞、日本地方財政学会佐藤賞、国際公共経済学会賞を受賞）、『環境〈思考のフロンティア〉』など多数。

藤野　純一（ふじの　じゅんいち）

（公財）地球環境戦略研究機関（IGES）サステイナビリティ統合センタープログラムディレクター、大阪大学大学院国際公共政策研究科招へい教授。1972年生、東京大学（工学博士）、国立環境研究所を経て現職。著書に『低炭素社会に向けた12の方策』『マンガでわかる脱炭素（カーボンニュートラル）』『どれだけ出てるの?二酸化炭素ずかん』『知りたい!カーボンニュートラル脱炭素社会のためにできること』など。

稲垣　憲治（いながき　けんじ）

一般社団法人ローカルグッド創成支援機構 事務局長。1981年愛知県生まれ。文部科学省、東京都庁を経て、地域活性化や地域脱炭素への思いが高じ、2020年から現職。これまで自治体の脱炭素施策企画・実行、地域新電力の設立・運営などに従事。著書に『地域新電力―脱炭素で稼ぐまちをつくる方法』など。

著者

三田　裕信（みた　ひろのぶ）

環境省大臣官房地域政策課 課長補佐。1984年京都生まれ。2008年環境省入省、これまで中国四国地方環境事務所における地域の環境対策、原子力規制組織改革、福島復興のための中間貯蔵施設事業、リサイクル政策などに従事。2021年8月から現職。地域の脱炭素化に関する企画立案などに従事する。

小川　祐貴（おがわ　ゆうき）

株式会社イー・コンザル 研究員。1990年京都府生まれ。2018年3月京都大学大学院地球環境学舎博士後期課程修了（博士：地球環境学）。エネルギーと経済に関わる制度設計、政策形成や定量評価について研究。2016年2月より現職。

井田　淳（いだ　あつし）

川崎市環境局脱炭素戦略推進室 室長。北陸先端科学技術大学院大学知識科学研究科博士後期課程単位取得退学。民間企業勤務を経て大学院に進学し、環境分野のナレッジマネジメントを研究。2002年に川崎市入庁。一貫して環境行政に従事。2022年4年より現職。

神田　修（かんだ　おさむ）

さいたま市都市戦略本部未来都市推進部 主査。1978年さいたま市生まれ。2003年さいたま市役所入庁。区役所改革・行財政改革や公民連携の推進などに従事。2019年から現職。スマートシティの取組を担当。

山﨑　静一郎（やまざき　せいいちろう）

さいたま市環境局環境共生部脱炭素社会推進課 係長。1982年さいたま市生まれ。2005年さいたま市役所入庁。環境省出向を経て、モビリティ政策や脱炭素施策の企画・推進などに従事。2023年4月から現職。

森　真樹（もり　まさき）

ローカルエナジー株式会社 専務取締役、株式会社中海テレビ放送 取締役 経営企画室長。1975年生まれ。日本大学理工学部土木工学科卒。中電技術コンサルタント株式会社を経て、2012年株式会社中海テレビ放送入社。2015年よりローカルエナジー株式会社に出向し、2017年から現職。

杉本隆弘（すぎもと　たかひろ）
真庭市産業観光部林業・バイオマス産業課エネルギー政策室 室長。1974年岡山県生まれ。1997年旧美甘村役場に入庁し、2005年の町村合併により真庭市職員となる。入庁以来、主に森林・林業に関する業務に従事し、最近では木質バイオマスや再生可能エネルギー政策を担当。

石川智也（いしかわ　ともや）
梼原町環境整備課 副課長。1975年高知県生まれ。建設コンサルタント勤務を経て梼原町役場任用。国土交通省四国地方整備局出向時は広域地方計画、防災業務に従事し、環境整備課にて公共工事、生活環境から再エネ事業まで多岐にわたる環境行政に従事し現職。最近では町営風力発電の事業計画や建設を担当。

笠井貴弘（かさい　たかひろ）
佐渡市企画部 秘書広報課 課長。2004年3月の市町村合併以降、財政課、行政改革課、内閣官房（地域活性化）への出向、総合政策課、ふるさと納税や集落支援等の地域づくり部門を担当。企画部門で2021年4月からSDGs未来都市の策定、ネイチャーポジティブや地域脱炭素化の推進等に関わり、2023年4月より現職。

榎原友樹（えはら　ともき）
株式会社イー・コンザル 代表取締役、株式会社能勢・豊能まちづくり 代表取締役。1977年大阪府生まれ。英国レディング大学修了後、富士総合研究所（現みずほリサーチ&テクノロジーズ）入社。2012年に独立し、イー・コンザル設立。2020年に能勢町・豊能町と共に、地域新電力会社能勢・豊能まちづくりを設立。

ゼロカーボンシティ
脱炭素を地域発展につなげる

2023年8月1日　第1版第1刷発行

編著者……諸富徹・藤野純一・稲垣憲治

著　者……三田裕信・小川祐貴・井田 淳・神田 修
山崎静一郎・森 真樹・杉本隆弘
石川智也・笠井貴弘・榎原友樹

発行者……井口夏実
発行所……株式会社 学芸出版社
京都市下京区木津屋橋通西洞院東入
電話 075-343-0811　〒600-8216
http://www.gakugei-pub.jp
E-mail info@gakugei-pub.jp

編集担当…中木保代

ＤＴＰ……㈱フルハウス
装　丁……美馬　智
印　刷……創栄図書印刷
製　本……新生製本

ISBN978-4-7615-2859-1　Printed in Japan